Jugando con el azar: fundamentos para la estadística aplicada y la ciencia de datos

Jugando con el azar: fundamentos para la estadística aplicada y la ciencia de datos

María Ángeles Medina Sánchez,
Ziwei Shu, Rosario Susi García y
Rosa Espínola Vílchez

EDICIONES
COMPLUTENSE

PRIMERA EDICIÓN: OCTUBRE 2025
PRIMERA REIMPRESIÒN: MARZO 2026

ISBN: 978-84-669-3968-3
Depósito Legal: M-14815-2025
DOI: https://dx.doi.org/10.5209/docm.004

Todos los recursos gráficos y tablas contenidos en esta publicación han sido elaborados por las autoras o proceden de fuentes de acceso libre que permiten su uso para fines académicos.

Impresión
Solana e Hijos Artes Gráficas
San Alfonso, 26. B° La Fortuna
28917 Leganés (Madrid)

Ediciones Complutense garantiza un riguroso proceso de selección y evaluación de los trabajos que publica.

Ediciones Complutense es miembro de Unión de Editoriales Universitarias Españolas (UNE) y está asociado a Cedro.

Printed in Spain

Índice

Resumen

Las preguntas más importantes de la vida,
de hecho, no son en su mayoría más que problemas de probabilidad
Pierre-Simon Laplace (1749-1827)

Este manual, titulado *Jugando con el azar: fundamentos para la estadística aplicada y la ciencia de datos*, está dirigido principalmente al estudiantado del Grado en Estadística Aplicada y del Grado en Ciencia de los Datos Aplicada, impartidos en la Facultad de Estudios Estadísticos de la Universidad Complutense de Madrid. La asignatura Azar y Probabilidad, a la que está orientado este manual, forma parte de las asignaturas básicas impartidas en primer curso de ambos grados.

Este manual tiene como objetivo ofrecer una introducción clara a los conceptos fundamentales del azar y la probabilidad, así como a sus aplicaciones prácticas, proporcionando una comprensión sencilla y eficaz, tanto a estos estudiantes como a cualquier otro interesado. Comienza con los conceptos básicos de probabilidad, variables aleatorias unidimensionales, continúa con las principales distribuciones aleatorias, tanto discretas como continuas, y finaliza con las variables bidimensionales.

Cada tema incluye diversos ejemplos para ilustrar los conceptos, junto con ejercicios resueltos, ejercicios propuestos y un formulario de autoevaluación al final, que permiten al lector comprobar su comprensión y reforzar su aprendizaje.

Palabras clave: azar, probabilidad, variables aleatorias, distribuciones aleatorias, modelos probabilísticos.

Abstract

Life's most important questions are, for the most part,
nothing but probability problems
Pierre-Simon Laplace (1749-1827)

This book, *Playing with Chance: Foundations for Applied Statistics and Data Science*, is primarily intended for students majoring in Applied Statistics and Applied Data Science at the Facultad de Estudios Estadísticos de la Universidad Complutense de Madrid. The subject "Azar y Probabilidad" (Chance and Probability) is a core course taught in the first year of both majors.

This book aims to provide a clear introduction to the fundamental concepts of chance and probability, along with their practical applications. It offers a simple and accessible explanation of chance and probability for students and anyone else interested in the topic. This book starts with basic concepts of probability and one-dimensional random variables, progresses to the main random distributions (both discrete and continuous), and concludes with two-dimensional variables.

Each section includes examples to illustrate the concepts, along with solved exercises, suggested exercises, and a self-assessment at the end of each section to help readers check their understanding and reinforce their learning.

Keywords: chance, probability, random variables, probability distributions, probabilistic models.

Introducción

"Siempre me recuerdo a mí mismo que lo que se observa es, como mucho, una combinación de probabilidades y resultados, no solo resultados." Esta frase, atribuida a *Nassim Nicholas Taleb* (1960-), nos recuerda que detrás de cada suceso existe una compleja interacción entre el azar y la probabilidad. El azar suele entenderse como un suceso imprevisible, mientras que la probabilidad es el cálculo matemático que evalúa las posibilidades de que un suceso ocurra cuando interviene el azar. La probabilidad se utiliza para modelar la incertidumbre, la variabilidad y el azar.

La vida diaria está llena de sucesos aleatorios, y la probabilidad nos permite analizar y comprender las posibilidades de que estos eventos ocurran. Los juegos de azar se fundamentan en un componente de probabilidad. De hecho, la idea cuantitativa del azar surgió por primera vez en las mesas de juego, y la teoría de la probabilidad comenzó en 1654 con *Pascal* y *Fermat*, como una teoría destinada a los juegos de azar. ¿Son equitativos los juegos de azar? En el caso de la lotería, la probabilidad de ganar es extremadamente baja. Tanto los casinos como las empresas que gestionan estos juegos analizan cuidadosamente las probabilidades y establecen reglas que les aseguran una ventaja matemática, permitiéndoles maximizar sus ganancias.

La teoría de la probabilidad estudia los fenómenos aleatorios y estocásticos, y ha encontrado aplicaciones en prácticamente todas las ramas del conocimiento. Por ejemplo, la teoría de la probabilidad se utiliza en la toma de decisiones empresariales y en el análisis predictivo en markerting. A través de la probabilidad, una empresa puede estimar las probabilidades de que los clientes adquieran su producto, lo que ayuda a las empresas a tomar decisiones de inversión y producción. Este enfoque probabilístico no se limita al ámbito empresarial, sino que también se extiende a diversas disciplinas, como la economía, la biología y la inteligencia artificial, donde el azar y la probabilidad desempeñan un papel crucial en la comprensión y predicción de fenómenos complejos.

Dada la importancia del azar y la probabilidad, tanto el Grado en Estadística Aplicada como el Grado en Ciencia de los Datos Aplicada, que se imparten en la Facultad de Estudios Estadísticos de la Universidad Complutense de Madrid, han

https://dx.doi.org/10.5209/docm.004.00
Jugando con el azar: fundamentos para la estadística aplicada y la ciencia de datos. María Ángeles Medina Sánchez, Ziwei Shu, Rosario Susi García y Rosa Espínola Vílchez. © Ediciones Complutense, 2025.

incluido Azar y Probabilidad como una asignatura básica en primer curso de ambos grados. El objetivo principal de este manual es proporcionar una introducción clara y accesible a los conceptos fundamentales del azar y la probabilidad, así como a sus aplicaciones prácticas, acercando a estudiantes e interesados a estos temas de manera efectiva y sencilla. Aunque este manual está principalmente diseñado para la asignatura de Azar y Probabilidad, algunos de sus contenidos también pueden resultar útiles tanto en otros grados como para otras asignaturas de estos grados, un ejemplo es Descripción y Exploración de Datos.

Este manual es el fruto del trabajo de cuatro profesoras: Mª Ángeles Medina Sánchez, Ziwei Shu, Rosario Susi García y Rosa Espínola Vílchez. Utiliza como base el libro publicado por las autoras Susi y Espínola en 2012, al que las profesoras Medina y Shu han incorporado nuevos ejemplos y modificado algunos contenidos y la estructura, basándose en su experiencia docente con los estudiantes en los últimos años. De esta manera, se adapta el contenido del libro a las necesidades actuales de los estudiantes, con el objetivo de facilitarles la comprensión de la asignatura de Azar y Probabilidad. Se ha actualizado con ejemplos prácticos adicionales, como el juego del calamar (en su versión académica), la lotería, e incluye formularios de autoevaluación para los estudiantes, con el fin de mejorar la comprensión del material y fomentar su estudio.

La estructura de este manual está organizada de manera progresiva, desde los conceptos básicos de probabilidad y las variables aleatorias unidimensionales hasta las variables aleatorias bidimensionales, distribuida en los siguientes tres módulos:

- El primer módulo incluye tres temas: en el tema 1 se definen los conceptos básicos del cálculo de probabilidades, como el espacio muestral y los axiomas de Kolmogorov, entre otros. La definición de variable aleatoria unidimensional se presenta en el tema 2, junto con las funciones de probabilidad asociadas a esta variable. En el tema 3, se introducen las distintas características de una variable aleatoria unidimensional, agrupadas en tres tipos de medidas: centralización, posición, dispersión y forma, y función generatriz de momentos.

- El segundo módulo incluye dos temas: en el tema 4 se presentan las principales distribuciones discretas y sus características, mientras que en el tema 5 se abordan las principales distribuciones continuas y sus características.

- El tercer módulo incluye dos temas: en el tema 6 se abordan los conceptos relacionados con las variables aleatorias bidimensionales discretas, mientras que en el tema 7 se tratan las variables aleatorias bidimensionales continuas.

MÓDULO 1
Conceptos básicos y variables aleatorias unidimensionales

En este módulo se presentan los conceptos fundamentales necesarios para una adecuada comprensión de las variables aleatorias unidimensionales dentro de la asignatura de Azar y Probabilidad tanto del grado de Estadística Aplicada como del grado de Ciencia de los Datos Aplicada. Se abordan definiciones y características de las variables aleatorias unidimensionales, así como su clasificación y aplicación en el análisis de experimentos aleatorios.

Tema 1. Introducción al cálculo de probabilidades

En este tema, se exploran los conceptos fundamentales del cálculo de probabilidades, comenzando con los experimentos aleatorios, que son aquellos cuyos resultados no se pueden predecir con certeza de antemano (es decir, están afectados por la incertidumbre o azar). A partir de estos experimentos, se define el espacio muestral, que es el conjunto de todos los posibles resultados; y los sucesos aleatorios, que son subconjuntos del espacio muestral. Para comprender y calcular estos elementos, es necesario contar con el conocimiento de variaciones, permutaciones y combinaciones. En caso de no tener dominio sobre estos conceptos, se recomienda consultar los siguientes libros:

Barboianu, C. (2006). *Understanding and Calculating the Odds: Probability Theory Basics and Calculus Guide for Beginners, with Applications in Games of Chance and Everyday Life*. INFAROM Publishing.

Caballero Roldán, R., Hortalá González, T., Martí Oliet, N., Nieva Soto, S., Pareja Lora, A., & Rodríguez Artalejo, M. (2024). *Ejercicios resueltos de matemática discreta* (1ª edición). Ibergarceta Publicaciones, S.L.

Para formalizar el estudio de la probabilidad, se introduce la definición de probabilidad y los axiomas de Kolmogorov, que establecen las reglas básicas que toda asignación de probabilidad debe cumplir. También se presentan los distintos tipos de espacios muestrales, que pueden ser finitos, infinitos numerables o infinitos no numerables, según el contexto del experimento aleatorio. Se introducen conceptos esenciales como la probabilidad condicionada y la independencia de sucesos, que permiten analizar unos eventos en relación con otros, así como el teorema de Bayes y el teorema de la probabilidad total.

https://dx.doi.org/10.5209/docm.004.01
Jugando con el azar: fundamentos para la estadística aplicada y la ciencia de datos. María Ángeles Medina Sánchez, Ziwei Shu, Rosario Susi García y Rosa Espínola Vílchez. © Ediciones Complutense, 2025.

1.1. Experimento aleatorio y espacio muestral

Experimento aleatorio

Un *experimento aleatorio* es la reproducción controlada de un fenómeno en la que existe incertidumbre sobre el resultado, ya que este depende del azar. Por ejemplo, al lanzar una moneda no sabemos si saldrá cara o cruz; al lanzar un dado, no podemos predecir qué número aparecerá. Asimismo, la extracción de bolas en sorteos y loterías son experimentos que consideramos aleatorios.

Un experimento aleatorio puede repetirse bajo las mismas condiciones, y se puede describir el número de resultados posibles que pueden ocurrir.

Espacio muestral

Se define el *espacio muestral* y se denota por Ω, como el conjunto de todos los posibles resultados de un experimento aleatorio. Por ejemplo, en el experimento consistente en lanzar una moneda equilibrada al aire, el espacio muestral viene dado por los dos posibles resultados asociados al experimento, esto es, $\Omega = \{cara, cruz\}$.

Según los resultados obtenidos, el espacio muestral se puede clasificar en finito e infinito. En la sección 1.4, se ofrecen más detalles sobre cada tipo.

Estructura de conjuntos (σ-álgebra de conjuntos)

Si consideramos un experimento aleatorio con espacio muestral, Ω, distinto del vacío, nuestro interés se va a centrar en subconjuntos del espacio muestral (sucesos aleatorios), por ello es necesario dotar de una estructura al conjunto de subconjuntos de Ω.

- *σ-álgebra*

Sea Ω un conjunto no vacío.

Un **σ**-álgebra F es una clase de subconjuntos de Ω que verifica:

1) $\Omega \in F$.

2) Si $A \in F$, entonces $\overline{A} \in F$.

3) $\{A_n\}_{n \geq 1}$ son elementos de F, se verifica que $\bigcup_{n=1}^{\infty} A_{n=1} \in F$.

En este manual solamente se va a utilizar la máxima σ-álgebra que se denomina *partes de Ω* y se denota por $\mathcal{P}(\Omega)$, como el conjunto formado por todos los posibles subconjuntos del espacio muestral Ω, incluido $\emptyset$ y Ω, siendo $Card(\mathcal{P}(\Omega)) = 2^{Card(\Omega)}$.

1.2. Sucesos aleatorios y operaciones con sucesos

Sucesos aleatorios

Se define un *suceso aleatorio*, y se denota tal que $A \in \mathcal{P}(\Omega)$, como cada uno de los posibles resultados del experimento aleatorio, es decir, un suceso será un subconjunto del espacio muestral Ω.

Ejemplo 1.1

Considerándose el experimento consistente en lanzar a la vez una moneda y un dado, el espacio muestral es tal que:
$\Omega =$
$\{(c,1),(c,2),(c,3),(c,4),(c,5),(c,6),(x,1),(x,2),(x,3),(x,4),(x,5),(x,6)\}$
siendo $c = cara$ y $x = cruz$.
Algunos posibles sucesos vienen dados por:
$A = \{(c,par)\} = \{(c,2),(c,4),(c,6)\}$ o
$B = \{$obtención de un número primo$\}$
$= \{(c,1),(c,2),(c,3),(c,5),(x,1),(x,2),(x,3),(x,5)\}$ o
$C = \{(x,impar)\} = \{(x,1),(x,3),(x,5)\}$.

Los sucesos aleatorios se clasifican como:

* *Suceso seguro:* es aquel que está formado por todos los resultados posibles del espacio muestral Ω.

* *Suceso imposible:* es aquel que no ocurre nunca, se denota como $\emptyset$.

* Suceso elemental o simple: es aquel que está formado por un único elemento del espacio muestral. Por ejemplo, en el experimento del ejemplo 1.1. consistente en lanzar a la vez una moneda y un dado, un suceso elemental es $D = \{(c,5)\}$.

* *Suceso no elemental o compuesto:* cuando el suceso representa un conjunto de resultados posibles del experimento, esto es, un subconjunto con más de un elemento, de forma que un suceso no elemental o compuesto viene dado por la unión de sucesos elementales o simples. Por ejemplo, en el experimento del Ejemplo 1.1 cualquiera de los sucesos expuestos, A, B o C son sucesos no elementales o compuestos.

Operaciones con sucesos

Sean A, B dos sucesos tales que $A, B \in \mathcal{P}(\Omega)$.

- *Suceso unión:* dados dos sucesos A y B, el suceso unión dado por $A \cup B$ es el suceso que ocurre cuando ocurre A u ocurre B u ocurren cualquiera de los dos simultáneamente. Considerando en el ejemplo anteriormente expuesto $A = \{(c, par)\}$ y $B = \{\text{obtención de un número primo}\}$, el suceso unión de A y B viene dado por $C(A \cup B)$ es tal que (ver la Figura 1.1):

$$A \cup B = \{(c, 1), (c, 2), (c, 3), (c, 4), (c, 5), (c, 6), (x, 1), (x, 2), (x, 3), (x, 5)\}.$$

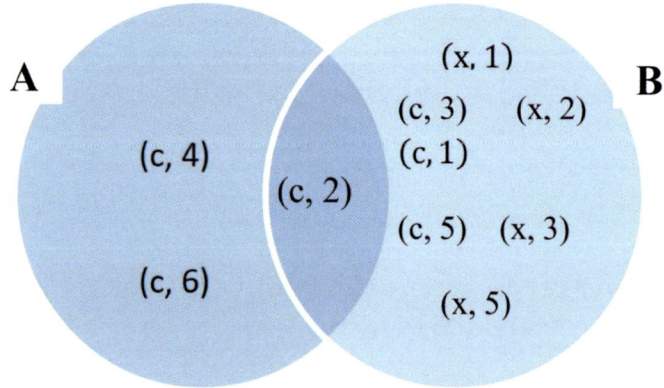

Figura 1.1. Suceso unión $A \cup B$.

Propiedades:

1) Conmutativa: $A \cup B = B \cup A$

2) Asociativa: $A \cup (B \cup C) = (A \cup B) \cup C$

3) $A \cup A = A$

4) $A \cup \emptyset = A$

5) $A \cup \Omega = \Omega$

- *Suceso intersección*: sean dos sucesos A y B, el suceso intersección dado por $A \cap B$ es el que ocurre cuando A y B ocurren simultáneamente. En el ejemplo anterior, $A \cap B = \{(c, 2)\}$ (ver la Figura 1.1).

Propiedades:

1) Conmutativa: $A \cap B = B \cap A$

2) Asociativa: $A \cap (B \cap C) = (A \cap B) \cap C$

3) $A \cap A = A$

4) $A \cap \emptyset = \emptyset$

5) $A \cap \Omega = A$

- *Suceso contrario o complementario*: es aquel que está formado por los resultados que no están incluidos en el suceso considerado. Por ejemplo, el suceso contrario al suceso A se nota como $\bar{A}$ o A^c, y $\bar{A} = \{(c, impar), (x, par), (x, impar)\} = \{(c, 1), (c, 3), (c, 5)\}$ (ver la Figura 1.2).

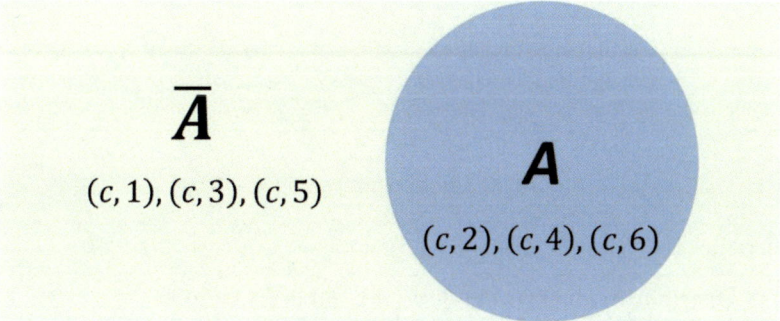

Figura 1.2. Suceso contrario $\bar{A}$.

Propiedades:

1) El complementario del suceso complementario es el propio suceso

2) $\bar{\emptyset} = \Omega$

3) $A \cup \bar{A} = \Omega$

4) $A \cap \bar{A} = \emptyset$

- *Suceso inclusión*: dados dos sucesos A y B, se dice que A está incluido en B, $A \subset B$, si todos los elementos de A están en B, es decir, si ocurre A, ocurre B. En el ejemplo del lanzamiento de una moneda y un dado a la vez, si el suceso $E = \{obtención\ de\ un\ número\ par\}$, entonces $A \subset E$.

Propiedades:

1) Si $A \subset B$ y $B \subset A \implies A = B$

2) Si $A \subset B$ y $B \subset C \implies A \subset C$

3) $\emptyset \subset A \subset \Omega$

- *Suceso diferencia*: Sean dos sucesos A y B, el suceso diferencia, denotado como $A \setminus B$ o $A - B$, es el que ocurre si ocurre A y no ocurre B, es decir $A - B = A \cap \bar{B}$. En el ejemplo anterior, $A - B = \{(c, 4), (c, 6)\}$ (ver la Figura 1.3).

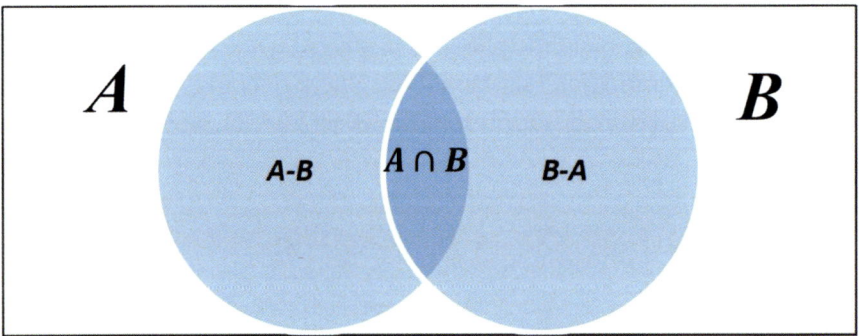

Figura 1.3. Suceso diferencia $A - B$.

Propiedades:

1) Distributiva: $A \cup (B \cap C) = (A \cup B) \cap (A \cup C)$ y
$$A \cap (B \cup C) = (A \cap B) \cup (A \cap C)$$

Es importante destacar las leyes de Morgan de la teoría de conjuntos, para la realización de diversas operaciones entre sucesos:

$$\overline{A \cup B} = \bar{A} \cap \bar{B}$$
$$\overline{A \cap B} = \bar{A} \cup \bar{B}$$

Ejemplo 1.2

Si lanzamos un dado, ¿cuál es el espacio muestral de este experimento aleatorio? ¿Y cuál es el conjunto formado por todos los posibles subconjuntos del espacio muestral?

El espacio muestral de este experimento aleatorio está compuesto por los seis posibles resultados, que es $\Omega = \{1,2,3,4,5,6\}$. En este experimento, el número de todos los posibles subconjuntos del espacio muestral es $2^6 = 64$, por lo que $\mathcal{P}(\Omega) = \{\emptyset, \{1\}, \{2\}, \{3\}, \{4\}, \{5\}, \{6\}, \{1,2\}, \{1,3\}, \dots, \Omega\}$.

1. *Si lanzamos dos monedas, ¿cuál es el espacio muestral de este experimento aleatorio? ¿Y cuál es el conjunto formado por todos los posibles subconjuntos del espacio muestral?*

El espacio muestral de este experimento aleatorio incluye cuatro posibles resultados: $\Omega = \{(c,c),(c,x),(x,c),(x,x)\}$, siendo $c = cara$ y $x = cruz$. En este experimento, el número de todos los posibles subconjuntos del espacio muestral es $2^4 = 16$, por lo que:

$$\mathcal{P}(\Omega) = \left\{ \begin{array}{l} \emptyset, \Omega, \{(c,c)\}, \{(c,x)\}, \{(x,c)\}, \{(x,x)\}, \\ \{(c,c),(c,x)\}, \{(c,c),(x,c)\}, \{(c,c),(x,x)\}, \\ \{(c,x),(x,c)\}, \{(c,x),(x,x)\}, \{(x,c),(x,x)\}, \\ \{(c,c),(c,x),(x,c)\}, \{(c,c),(c,x),(x,x)\}, \\ \{(c,c),(x,c),(x,x)\}, \{(c,x),(x,c),(x,x)\} \end{array} \right\}$$

2. *Si tenemos una caja con 5 bombillas, de las cuales 2 son defectuosas, y queremos determinar el número de bombillas que debemos extraer, sin remplazamiento, hasta obtener una defectuosa, ¿cuál es el espacio muestral de este experimento aleatorio? ¿Y cuál es el conjunto formado por todos los posibles subconjuntos del espacio muestral?*

En este experimento, el espacio muestral incluye los posibles resultados de las extracciones necesarias para obtener la primera bombilla defectuosa. Los resultados posibles son: extraer una bombilla defectuosa; extraer una bombilla no defectuosa seguida de una defectuosa (total de 2); extraer dos bombillas no defectuosas y luego una defectuosa (total de 3); y extraer tres bombillas no defectuosas y luego una defectuosa (total de 4). Por lo tanto, el espacio muestral de este experimento se puede representar como $\Omega = \{1,2,3,4\}$.

En este experimento, el número de todos los posibles subconjuntos del espacio muestral es $2^4 = 16$, por lo que:

$$\mathcal{P}(\Omega) = \left\{ \begin{array}{l} \emptyset, \Omega, \{1\}, \{2\}, \{3\}, \{4\}, \{1,2\}, \{1,3\}, \{1,4\}, \{2,3\}, \\ \{2,4\}, \{3,4\}, \{1,2,3\}, \{1,2,4\}, \{1,3,4\}, \{2,3,4\} \end{array} \right\}$$

1.3. Concepto de probabilidad

La probabilidad se puede definir desde varios puntos de vista, en todos ellos lo que se pretende es precisar el grado de ocurrencia de cualquier suceso del espacio muestral.

Concepto frecuentista

Si repetimos un experimento n número de veces, la probabilidad de un suceso $A \in \Omega$ se puede definir como el límite de la frecuencia relativa de dicho suceso.

Definición de Laplace

La probabilidad de cualquier suceso $A \in \mathcal{P}(\Omega)$ es igual al cociente entre el cardinal del suceso A y el cardinal del espacio muestral.

$$P(A) = \frac{n^{\underline{o}} \ de \ casos \ favorables \ (card(A))}{n^{\underline{o}} \ de \ casos \ posibles \ (card(\Omega))}$$

Axiomas de Kolmogorov

En 1933, Andréi Kolmogorov (1903-1987) introdujo una definición de probabilidad basada en una serie de axiomas, la cual sigue siendo válida hasta la actualidad. Sea un espacio muestral Ω y $\mathcal{P}(\Omega)$. Se define la función de probabilidad P como $P \colon \mathcal{P}(\Omega) \rightarrow [0,1]$, verificando los siguientes axiomas:

- *Axioma (i).* La probabilidad del suceso seguro es igual a uno: $P(\Omega) = 1$

- *Axioma (ii).* La probabilidad de cualquier suceso es no negativa: $\forall A \in \mathcal{P}(\Omega) \colon P(A) \geq 0$

- *Axioma (iii).* $\forall \{A_i\}_{i \in N} \in \mathcal{P}(\Omega)$ tales que $A_i \cap A_j = \emptyset \quad \forall i \neq j \Rightarrow P(\bigcup_{i=1}^{\infty} A_i) = \sum_{i=1}^{\infty} P(A_i)$

Como consecuencia de los axiomas presentados en la definición de probabilidad se obtienen las siguientes propiedades:

1. $\forall A \in \mathcal{P}(\Omega) \colon P(\bar{A}) = 1 - P(A)$

   Se sabe que si $A \in \mathcal{P}(\Omega) \Rightarrow \bar{A} \in \mathcal{P}(\Omega)$ y $A \cup \bar{A} = \Omega \Rightarrow P(A \cup \bar{A}) = P(\Omega) \overset{(i)}{=} 1$; como $P(A \cup \bar{A}) \overset{(iii)}{=} P(A) + P(\bar{A}) \Rightarrow P(\bar{A}) = 1 - P(A)$

2. $\forall A, B \in \mathcal{P}(\Omega)$ tal que $A \subset B \Rightarrow P(A) \leq P(B)$

   Si $A \subset B \Rightarrow B = A \cup (B - A)$ tal que $A \cap (B - A) = \emptyset \overset{(iii)}{\Rightarrow} P(B) = P(A) + P(B - A)$; como $P(B - A) \geq 0$ (por (ii))$\Rightarrow P(B) \geq P(A)$

3. $P(\emptyset) = 0$

   $\emptyset = \bar{\Omega} \Rightarrow$ Por la propiedad 1, $P(\emptyset) = 1 - P(\Omega) = 1 - 1 = 0$

4. $\forall A \in P(\Omega): P(A) \leq 1$

Como $A \subset \Omega \Rightarrow$ por la propiedad 2, $P(A) \leq P(\Omega) \overset{(i)}{=} 1 \Rightarrow P(A) \leq 1$

5. $\forall A, B \in \mathcal{P}(\Omega)$ tal que $A \subset B \Rightarrow P(B - A) = P(B) - P(A)$

Por la propiedad 2 se sabe que $P(B) = P(A) + P(B - A) \Rightarrow P(B - A) = P(B) - P(A)$

6. $\forall A, B \in \mathcal{P}(\Omega): P(A \cup B) = P(A) + P(B) - P(A \cap B)$

Sea $A = (A \cap B) \cup (A \cap \bar{B})$ tal que $(A \cap B) \cap (A \cap B) = \emptyset$
Sea $B = (A \cap B) \cup (\bar{A} \cap B)$ tal que $(A \cap B) \cap (\bar{A} \cap B) = \emptyset$
Sea $A \cup B = (A \cap B) \cup (A \cap \bar{B}) \cup (\bar{A} \cap B)$ tales que son sucesos disjuntos dos a dos $\Rightarrow P(A \cup B) = P(A \cap B) + P(A \cap \bar{B}) + P(\bar{A} \cap B)$

Calculando:

$$P(A) + P(B) = P(A \cap B) + P(A \cap \bar{B}) + P(A \cap B) + P(\bar{A} \cap B)$$
$$= P(A \cap B) + P(A \cup B) \Rightarrow P(A \cup B)$$
$$= P(A) + P(B) - P(A \cap B)$$

Como consecuencia directa de la última propiedad expuesta se tiene que:

$$\forall \{A_i\}_{i \in N} \in \mathcal{P}(\Omega): P\left(\bigcup_{i=1}^{\infty} A_i\right) \leq \sum_{i=1}^{\infty} P(A_i)$$

Ejemplo 1.3

La probabilidad de que un alumno estudie la carrera A es 0.5, mientras que la probabilidad de que estudie la carrera B es 0.3. La probabilidad de que un alumno curse ambas carreras, A y B (es decir, el doble grado), es 0.15.

1. *Calcular la probabilidad de que un alumno estudie al menos una de las dos carreras.*
2. *Calcular la probabilidad de que un alumno no estudie ninguna de las dos carreras.*
3. *Calcular la probabilidad de que un alumno estudie exactamente una de las dos carreras.*

Sean los siguientes sucesos:

A: el alumno estudia la carrera A. $P(A) = 0.5$
B: el alumno estudia la carrera B. $P(B) = 0.3$

$A \cap B$: el alumno estudia el doble grado (A y B). $P(A \cap B) = 0.15$

1. Se pide la probabilidad del suceso compuesto A ∪ B.

   $$P(A \cup B) \overset{\text{Propiedad 6}}{=} P(A) + P(B) - P(A \cap B) = 0.5 + 0.3 - 0.15 = 0.65$$

   La probabilidad de que un alumno estudie al menos una de las dos carreras es 0.65.

2. Se pide la probabilidad del suceso compuesto $\bar{A} \cap \bar{B}$.

   $$P(\bar{A} \cap \bar{B}) \overset{\text{Morgan}}{=} P(\overline{A \cup B}) \overset{\text{Propiedad 1}}{=} 1 - P(A \cup B) = 1 - 0.65 = 0.35$$

   La probabilidad de que un alumno no estudie ninguna de estas dos carreras es 0.35.

3. Se pide la probabilidad del suceso compuesto $(A \cap \bar{B}) \cup (\bar{A} \cap B)$.

   $$P\big((A \cap \bar{B}) \cup (\bar{A} \cap B)\big) = P(A \cup B) - P(A \cap B) = 0.65 - 0.15 = 0.5$$

   La probabilidad de que un alumno estudie exactamente una de las dos carreras es 0.5.

1.4. Algunos tipos de espacios muestrales

Sea un espacio muestral Ω, sea $\mathcal{P}(\Omega)$ y sea $P\colon \mathcal{P}(\Omega) \to [0,1]$ la función de probabilidad. Se denomina *espacio de probabilidad* a la terna dada por $(\Omega, \mathcal{P}(\Omega), P)$.

A continuación, se enuncian algunos tipos de espacios muestrales que facilitan el cálculo de la probabilidad de un suceso mediante reglas básicas, como la *regla de Laplace*.

Espacios muestrales finitos

Los *espacios muestrales finitos* son aquellos conjuntos de resultados posibles de un experimento aleatorio que contienen un número *finito* de elementos, de forma que $\Omega = \{x_1, x_2, \ldots, x_n\}$. Por ejemplo, en el lanzamiento de una moneda el espacio muestral es finito, ya que todos los posibles resultados son cara y cruz ($\Omega = \{c, x\}$, donde $c = cara$ y $x = cruz$).

La probabilidad asociada a cada uno de los sucesos elementales de Ω viene dada por:

$$P\colon \mathcal{P}(\Omega) \to [0,1]$$
$$x_i \to P(x_i) = p_i \ \forall i = 1, \ldots, n$$

siendo p_i la probabilidad de que el suceso x_i ocurra.

Para que se satisfagan los axiomas de Kolmogorov, se han de cumplir las siguientes propiedades:

1. $p_i \geq 0 \quad \forall i = 1, \dots, n$

2. $\sum_{i=1}^{n} p_i = 1$

Considerándose el suceso compuesto $A = \bigcup_{i=1}^{k} x_i$ con $k \leq n$, la probabilidad de dicho suceso vendrá dada por la suma de las probabilidades p_i de los sucesos simples $x_i \in A$ que lo componen, esto es $P(A) = \sum_{i=1}^{k} P(x_i) = \sum_{i=1}^{k} p_i$.

Ejemplo 1.4

Lanzamos un dado trucado, tal que la probabilidad de obtener una cara es proporcional al valor de esa cara. ¿Cuál será el valor de los p_i?

La probabilidad asociada a cada cara del dado debe cumplir los axiomas de Kolmogorov, entonces $\sum_{i=1}^{6} p_i = \sum_{i=1}^{6} K * i = 1$, resolvemos la ecuación y obtenemos $k = \frac{1}{21}$.

Por lo tanto, $p_i = \frac{i}{21}$ para $i = 1, 2, \dots, 6$.

Espacios muestrales infinitos

Los *espacios muestrales infinitos* son aquellos conjuntos de resultados posibles de un experimento aleatorio que contienen un número *infinito* de elementos. A diferencia de los espacios muestrales finitos, en los que se puede contar cada resultado, en los espacios muestrales infinitos hay resultados que no se pueden enumerar exhaustivamente.

Se pueden clasificar en dos categorías principales:

- *Espacio muestral infinito numerable*: Cuando el conjunto de todos los posibles resultados es infinito numerable. Por ejemplo, en el experimento que consiste en contar el número de lanzamientos de una moneda hasta obtener cara, el espacio muestral viene dado por $\Omega = \{1, 2, 3, 4, \dots, +\infty\}$.

- *Espacio muestral infinito no numerable*: Cuando el conjunto de todos los resultados posibles es infinito no numerable. Por ejemplo, en el experimento consistente en elegir un número real positivo cuyo valor sea menor que 50, el espacio muestral asociado al experimento es $\Omega = \{x \in \mathbb{R}: 0 < x < 50\}$.

Espacios muestrales equiprobables

Se denomina *espacio muestral equiprobable* al espacio muestral finito dado por $\Omega = \{x_1, x_2, \ldots, x_n\}$, en el que todos los sucesos elementales que lo componen tienen la misma probabilidad de ser obtenidos cuando se realiza el experimento aleatorio. De forma que:

$$P(x_i) = p_i = p \quad \forall i = 1, \ldots, n$$

Como se ha de cumplir que $\sum_{i=1}^{n} p_i = 1$, entonces:

$$\sum_{i=1}^{n} p_i = \sum_{i=1}^{n} p = np = 1 \Rightarrow p = \frac{1}{n}$$

Considerándose el experimento de lanzar dos monedas no trucadas al aire, el espacio muestral asociado a dicho experimento es $\Omega = \{(c, c), (c, x), (x, c), (x, x)\}$ donde $c = cara$ y $x = cruz$. Dicho espacio muestral es equiprobable ya que todos los sucesos que lo componen tienen la misma probabilidad p de ocurrir, siendo $p = \frac{1}{4}$.

Estos espacios muestrales equiprobables son también denominados *espacios muestrales simples*.

Sea $A = \bigcup_{i=1}^{k} x_i$ con $k \leq n$ un suceso compuesto perteneciente al espacio muestral equiprobable, siendo x_i sucesos simples de Ω. La probabilidad asociada a dicho suceso A viene dada por:

$$P(A) = \sum_{i=1}^{k} P(x_i) = kp = \frac{k}{n} = \frac{Card(A)}{Card(\Omega)} = \frac{n^{\underline{o}} \, de \, casos \, favorables \, de \, A}{n^{\underline{o}} \, de \, casos \, posibles}$$

Este resultado se conoce como regla de Laplace y se corresponde con la definición clásica de probabilidad.

Ejemplo 1.5

Considere el experimento de lanzar tres monedas no trucadas al aire. Calcule:

1. *La probabilidad de obtener exactamente dos cruces.*
2. *La probabilidad de obtener al menos una cara.*

3. La probabilidad de obtener el mismo resultado en las tres monedas.

El espacio muestral asociado al experimento es:

$$\Omega - \{(c,c,c),(c,c,x),(c,x,c),(x,c,c),(c,x,x),(x,c,x),(x,x,c),(x,x,x)\}$$

siendo $c = cara$, $x = cruz$.

En este caso, el espacio muestral tiene un total de $2^3 = 8$ resultados. Es decir, $Card(\Omega) = 8$.

1. Sea $A = \{obtener\ exactamente\ dos\ cruces\}$, entonces:

$$A = \{(c,x,x),(x,c,x),(x,x,c)\} \Rightarrow P(A) = \frac{3}{8}$$

2. Sea $B = \{obtener\ al\ menos\ una\ cara\}$, entonces:

$$B = \{(c,c,c),(c,c,x),(c,x,c),(x,c,c),(c,x,x),(x,c,x),(x,x,c)\} \Rightarrow P(B) = \frac{7}{8}$$

3. Sea $C = \{obtener\ el\ mismo\ resultado\ en\ las\ 3\ monedas\}$, entonces:

$$C = \{(c,c,c),(x,x,x)\} \Rightarrow P(C) = \frac{2}{8} = \frac{1}{4}$$

1.5. Probabilidad condicionada e independencia. Teorema de Bayes. Teorema de la probabilidad total

Probabilidad condicionada

La *probabilidad condicionada* es un concepto clave en la teoría de la probabilidad. Hay muchas situaciones en las que tenemos información que hacen que la probabilidad de un determinado suceso, utilizando o no esa información, sea diferente, incluso puede que algunos de los resultados, bajo las nuevas hipótesis sean imposibles. En este contexto definimos el concepto de probabilidad condicionada. El objetivo es analizar cómo afecta la ocurrencia de un determinado suceso (información *a priori*) a la probabilidad de que ocurra otro suceso. La probabilidad condicionada tiene una clara interpretación en espacios muestrales finitos en los que puede aplicarse la *regla de Laplace*.

Sea $(\Omega, \mathcal{P}(\Omega), P)$ un espacio probabilístico y A un suceso cualquiera ($A \in \mathcal{P}(\Omega)$) tal que $P(A) > 0$. Para cualquier otro suceso $B \in \mathcal{P}(\Omega)$, se define la probabilidad condicionada de B dado A o probabilidad de B condicionada por A y se denota por $P(B / A)$ al producto de la intersección de los sucesos por la probabilidad del suceso A (ver la Figura 1.4).

$$P(B\ /\ A) = \frac{P(A \cap B)}{P(A)}, \text{ siempre que } P(A) \neq 0$$

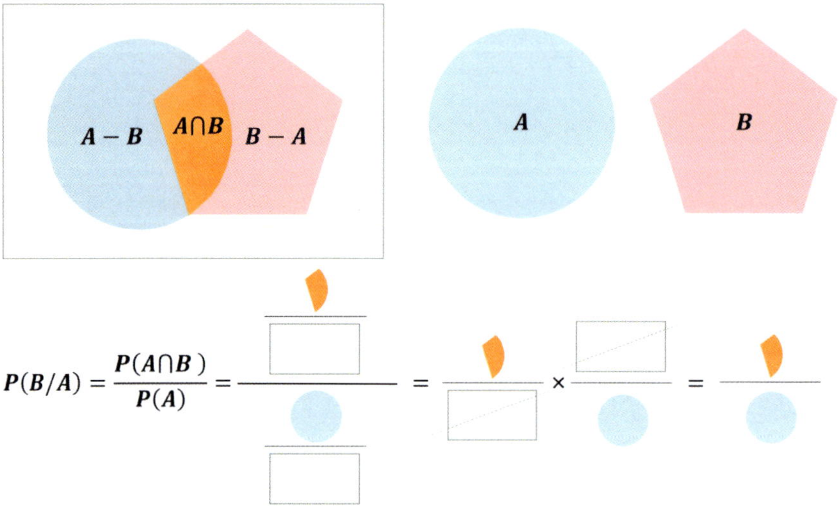

$$P(B/A) = \frac{P(A \cap B)}{P(A)} = \frac{\boxed{}}{} = \frac{}{\boxed{}} \times \frac{}{\boxed{}} = \frac{}{}$$

Figura 1.4. Ejemplo de $P(B\ /\ A)$.

Observemos que el hecho de que haya ocurrido A puede modificar la probabilidad del resto de los sucesos, por lo tanto, estamos definiendo una nueva función de probabilidad sobre (A, P(A)).

Ejemplo 1.6

En una caja hay 5 bolas: 2 rojas y 3 azules. Se extrae una bola al azar y, sin devolverla, se extrae una segunda bola. ¿Cuál es la probabilidad de que la segunda bola sea azul, dado que la primera fue roja? ¿Y cuál es la probabilidad conjunta?

La probabilidad de que la primera bola extraída sea roja es: $P(A) = \frac{2}{5}$.

Si la primera bola fue roja, entonces quedan en la caja 4 bolas (1 roja y 3 azules). La probabilidad de que la segunda bola sea azul, dado que la primera fue roja, es:

$$P(B\ /\ A) = \frac{3}{4}$$

La probabilidad conjunta de que la primera bola sea roja y la segunda bola sea azul es:

$$P(A \cap B) = P(B\ /\ A) \cdot P(A) = \frac{3}{4} \cdot \frac{2}{5} = \frac{3}{10}$$

Independencia de sucesos

Sea $(\Omega, \mathcal{P}(\Omega), P)$ un espacio de probabilidad y $A \in \mathcal{P}(\Omega)$ con $P(A) > 0$. Como ya hemos comentado, la ocurrencia del suceso A puede alterar la probabilidad de ocurrencia de cualquier otro suceso $B \in \mathcal{P}(\Omega)$. Si la ocurrencia de A no modifica la probabilidad de B, entonces diremos que existe independencia entre A y B.

Es importante no confundir los sucesos independientes con los sucesos incompatibles:

- *Sucesos independientes:* son aquellos que no se afectan mutuamente, es decir, la ocurrencia de uno no influye en la probabilidad de que ocurra el otro. La probabilidad de la intersección de dos sucesos independientes es igual al producto de sus probabilidades individuales: $P(A \cap B) = P(B) \cdot P(A)$.

- *Sucesos incompatibles:* son aquellos que no tienen elementos en común, por lo que la probabilidad de la intersección es igual a 0: $P(A \cap B) = 0$.

Ejemplo 1.7

Lanzamos una moneda y un dado. ¿Cuál es la probabilidad de obtener cara en la moneda y un 2 en el dado?

Como lanzar la moneda y el dado son eventos independientes, la probabilidad de obtener cara en la moneda, c, y un 2 en el dado se calcula multiplicando sus probabilidades:

$$P(c \cap 2) = P(c) \cdot P(2) = \frac{1}{2} \cdot \frac{1}{6} = \frac{1}{12}$$

Teorema de la probabilidad total

Para enunciar el teorema de la probabilidad total necesitamos definir una partición de Ω. Una partición de Ω es un conjunto de sucesos $A_1, A_2, \dots, A_n$, tal que estos sucesos sean incompatibles dos a dos y además la unión sea el suceso total, Ω. Por ejemplo, si deseamos analizar la probabilidad de encontrar un determinado tipo de árbol en la Comunidad de Madrid, podemos dividir la zona geográfica de estudio en distintos sucesos que formen una partición (ver la Figura 1.5).

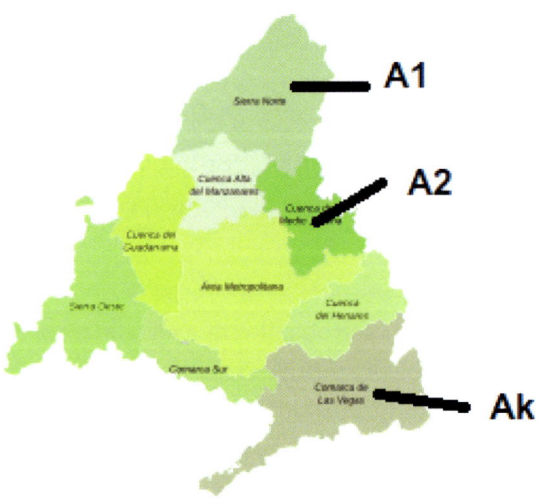

Figura 1.5. Partición de la Comunidad de Madrid.
Fuente: elaboración propia basada en Joan M. Borràs, Mapa comarcal de la
Comunidad de Madrid (Wikimedia Commons).

Teorema 1.1. Dado $(\Omega, \mathcal{P}(\Omega), P)$ un espacio de probabilidad y $A_1, A_2, \dots, A_k$ sucesos incompatibles dos a dos que además verifican que la unión es el suceso total, Ω (una partición de Ω), si se verifica que la $P(A_n) > 0, \forall n$. La probabilidad de cualquier suceso $B \in P(\Omega)$ se puede calcular como:

$$P(B) = \sum_{n=1}^{k} P(B / A_n) \cdot P(A_n)$$

Ejemplo 1.8

Una determinada imprenta realiza las compras de folios a tres proveedores diferentes, (40% al proveedor 1 (Prov_1), 50% al proveedor 2 (Prov_2) y el resto al proveedor 3 (Prov_3)). Se conoce la probabilidad de que un paquete de folios no cumpla el control de calidad (NoCal) dependiendo del proveedor (P(No-Cal/Prov1)=0.2, P(NoCal/Prov2)=0.15 y P(NoCal/Prov3)=0.25. ¿Cuál es la probabilidad de que un paquete de folios en la imprenta cumpla el control de calidad (Cal)?

$P(Cal) = \sum_{k=1}^{3} P(Cal / Prov\_k) \cdot P(Prov\_k)$
$= (1 - 0.2) \cdot 40\% + (1 - 0.15) \cdot 50\% + (1 - 0.25) \cdot 10\% = 0.82$

Teorema de Bayes

Teorema 1.2. Dado $(\Omega, \mathcal{P}(\Omega), P)$ un espacio de probabilidad y $A_1, A_2, \ldots, A_k$ sucesos incompatibles dos a dos que además verifican que la unión es el suceso total, Ω (una partición de Ω), si se verifica que la $P(A_n) > 0, \forall n$.

$$P(A_i / B) = \frac{P(A_i) \cdot P(B / A_i)}{\sum_{n=1}^{k} P(A_n) \cdot P(B / A_n)}$$

$P(A_i)$ se denomina probabilidad *a priori*, las probabilidades $P(A_i / B)$ se denominan probabilidades *a posteriori* y las probabilidades $P(B/A_n)$ se denominan verosimilitudes.

Ejemplo 1.9

Con los datos del Ejemplo 1.8, calcular la probabilidad de que un paquete de folios que no ha pasado el control de calidad sea del proveedor 1.

$$P(NoCal) = \sum_{k=1}^{3} P(NoCal / Prov\_k) \cdot P(Prov\_k)$$
$$= 0.2 \cdot 40\% + 0.15 \cdot 50\% + 0.25 \cdot 10\% = 0.18$$
$$P(Prov\_1/NoCal) = \frac{P(NoCal / Prov\_1) \cdot P(Prov\_1)}{\sum_{k=1}^{3} P(NoCal / Prov\_k) \cdot P(Prov_k)} = \frac{0.2 \cdot 40\%}{0.18}$$
$$= 0.44$$

1.6. Ejercicios

Ejercicios resueltos

Ejercicio R. 1.1

Sean A, B, C tres sucesos. Expresa formalmente, mediante una sola fórmula (o mediante un dibujo), los siguientes sucesos compuestos:

1. Ocurren B y C, pero no ocurre A.
2. Ocurren al menos dos de ellos.
3. Ocurre solamente uno de los tres.
4. Ocurre al menos uno de los tres.
5. No ocurre ninguno de los tres.

Solución:

1. $\bar{A} \cap B \cap C$
2. $(A \cap B \cap C) \cup (\bar{A} \cap B \cap C) \cup (A \cap \bar{B} \cap C) \cup (A \cap B \cap \bar{C})$
3. $(\bar{A} \cap \bar{B} \cap C) \cup (A \cap \bar{B} \cap \bar{C}) \cup (\bar{A} \cap B \cap \bar{C})$
4. $\overline{\bar{A} \cap \bar{B} \cap \bar{C}}$
5. $\bar{A} \cap \bar{B} \cap \bar{C}$

Ejercicio R. 1.2

Una urna contiene 5 bolas blancas y 3 bolas rojas. Se extraen dos bolas de forma simultánea (sin reemplazamiento). Se pide:

1. Calcular la probabilidad de obtener dos bolas rojas.
2. Calcular la probabilidad de obtener dos bolas blancas.
3. Calcular la probabilidad de obtener una bola blanca y otra roja.
4. Calcular las probabilidades anteriores suponiendo que las extracciones son con reemplazamiento (cada bola que saco, la vuelvo a dejar en la urna).

Solución:

1. $\dfrac{3}{8} \cdot \dfrac{2}{7} = \dfrac{6}{56}$
2. $\dfrac{5}{8} \cdot \dfrac{4}{7} = \dfrac{20}{56}$

3. $\dfrac{3}{8} \cdot \dfrac{5}{7} = \dfrac{15}{56}$

4. Si las extracciones son con remplazamiento, no se resta del numerador ni del denominador la bola extraída.

Ejercicio R. 1.3

Un laboratorio tiene dos máquinas, A y B, que maquetan libros. La máquina A maqueta el 60% de los libros y la máquina B maqueta el 40%. La máquina A tiene un 2% de defectuosos, mientras que la máquina B tiene un 5%. Si seleccionamos un libro al azar y resulta ser defectuoso, ¿cuál es la probabilidad de que haya sido maquetado por la máquina A?

Solución:

Definamos los eventos:

A: El libro fue maquetado por la máquina A.

B: El libro fue maquetado por la máquina B.

D: El libro es defectuoso.

Queremos calcular $P(A/D)$, la probabilidad de que el libro haya sido maquetado por la máquina A, dado que es defectuoso.

Utilizamos el teorema de Bayes:

$$P(A/D) = \frac{P(D/A)}{P(D/A)P(A) + P(D)P(A/D)} = \frac{0.012}{0.032} = 0.375$$

Ejercicio R. 1.4

Sea el espacio muestral $\Omega = \{1, 2, 3, 4, 5, 6\}$. Calcula el cardinal de $\mathcal{P}(\Omega)$.

Solución:

$\mathcal{P}(\Omega)$ es el conjunto que contiene a todos los subconjuntos posibles que se pueden formar con los dígitos 1, 2, 3, 4, 5, 6. Luego será la suma de todos los conjuntos que se pueden formar con un elemento, con dos, con tres, con 4, con 5 y con 6 y el vacío.

$$\text{Card}(\mathcal{P}(\Omega)) = 2^6 = 32$$

Ejercicios propuestos

Ejercicio P. 1.1

Dadas dos muestras del tejido A y del tejido B, las probabilidades de que A y B conserven su textura después de un lavado a 30° son, respectivamente, $\frac{3}{5}$ y $\frac{2}{3}$.

1. Calcula la probabilidad de A y B conserven su textura.
2. Calcula la probabilidad de que solo una conserve su textura.
3. Calcula la probabilidad de que al menos una conserve su textura.
4. Calcula la probabilidad de que ninguna conserve su textura.

Ejercicio P. 1.2

En una empresa el 20% de los empleados son graduadas en Estadística, el 25% trabajan en el departamento de I+D y el 15% son graduadas en Estadística que trabajan en el departamento de I+D. Si se selecciona una empleada cualquiera, calcula la probabilidad de que sea:

1. Graduada en Estadística si se sabe que trabaja en I+D.
2. Trabajadora en I+D si se sabe que es graduada en Estadística.
3. No sea graduada en Estadística ni trabaje en I+D.

Ejercicio P. 1.3

Un hospital tiene tres médicos: M1, M2 y M3. La probabilidad de que un paciente sea tratado por cada médico es:

- P(M1) =0.4
- P(M2) =0.35
- P(M3) =0.25

La probabilidad de que un paciente reciba un diagnóstico correcto depende del médico que lo trate:

- P(D|M1) =0.9
- P(D|M2) =0.8
- P(D|M3) =0.7

¿Cuál es la probabilidad de que un paciente reciba un diagnóstico correcto (D)?

Ejercicio P. 1.4

En una urna hay 8 bolas rojas, 5 bolas azules y 7 bolas verdes. Se extraen 4 bolas al azar, sin reemplazo. ¿Cuál es la probabilidad de que las 4 bolas extraídas incluyan exactamente 2 bolas rojas, 1 bola azul y 1 bola verde?

Ejercicio P. 1.5

Una empresa tiene tres máquinas (A, B y C) que producen un 50%, 30% y 20% del total de productos, respectivamente. Las tasas de defectos son 2%, 3% y 5% para cada máquina. Si se selecciona al azar un producto defectuoso, ¿cuál es la probabilidad de que provenga de la máquina B?

Ejercicio P. 1.6

Un restaurante tiene dos cocineros: uno trabaja rápido el 70% del tiempo y lento el 30%. Si un cocinero está trabajando rápido, tiene una probabilidad del 80% de continuar rápido al siguiente día y un 20% de cambiar a lento. Si trabaja lento, tiene una probabilidad del 50% de continuar lento y un 50% de cambiar a rápido. ¿Cuál es la probabilidad de que trabaje rápido en el tercer día, dado que hoy está trabajando rápido?

Ejercicio P. 1.7

Un operario de una fábrica observa de 3 en 3 las piezas producidas en una máquina, anotando si cada una de ellas es defectuosa o no. Escribir el espacio muestral correspondiente a esta situación y describir:

1. Suceso A: La primera pieza observada es defectuosa.
2. Suceso B: La segunda pieza observada es defectuosa.

Ejercicio P. 1.8

Cierto lote de 26 componentes mecánicos contiene seis defectuosos. Se extrae una muestra aleatoria sin reposición del lote de cuatro componentes. Se pide:

1. ¿Cuál es la probabilidad de que los cuatro componentes extraídos del lote sean todos ellos no defectuosos?
2. ¿Cuál es la probabilidad de que entre los cuatro componentes extraídos al azar halla dos defectuosos y dos no defectuosos?

Ejercicio P. 1.9

Una urna contiene tres bolas de distintos colores: blanco, rojo y negro. Consideremos la variable aleatoria X = *número total de bolas blancas obtenidas en dos extracciones con reemplazamiento*. Describir el espacio muestral asociado a la variable X y calcular la probabilidad de sus valores.

Ejercicio P. 1.10

Consideremos una moneda truncada de tal forma que la probabilidad de cara = P(C) =0.3. Si se arroja la moneda 5 veces, calcúlese la probabilidad del siguiente suceso:

1. Cinco caras.
2. Dos cruces.

1.7. Evaluación

Todos los estudiantes del Grado en Estadística Aplicada y del Grado en Ciencia de los Datos Aplicada de la UCM, matriculados en la asignatura de Azar y Probabilidad, tienen acceso al Campus Virtual para responder una serie de preguntas seleccionadas aleatoriamente del banco de preguntas, con el fin de obtener la calificación de la evaluación continua.

Este manual está disponible en el repositorio de la UCM, por lo que se ha dispuesto una autoevaluación para cualquier persona interesada en la asignatura, utilizando el mismo banco de preguntas del Campus Virtual, accesible en Google Forms a través del siguiente enlace: https://forms.gle/u9ohwb2i4zTRtHEk6.

Tema 2. Variables aleatorias unidimensionales

Para cada experimento aleatorio, se ha definido el espacio muestral como el conjunto que incluye todos los posibles resultados del experimento. Asimismo, se han considerado tanto los sucesos simples como los compuestos relacionados con el mismo, con el fin de calcular las probabilidades de interés. No obstante, en algunas ocasiones, describir el espacio muestral puede ser complicado debido a la naturaleza del experimento. Por ejemplo, al intentar describir el espacio muestral de un experimento que consiste en lanzar una moneda 10 veces, la tarea se vuelve compleja.

Además, trabajar directamente con el espacio muestral puede ser poco práctico, especialmente porque no siempre se cuenta con un valor numérico asociado al experimento aleatorio. Sobre este espacio muestral, en el capítulo anterior se ha definido la estructura de σ-álgebra, $\mathcal{P}(\Omega)$ que contiene cualquier subconjunto de Ω y una medida normada, P.

La *variable aleatoria* se define como un mecanismo matemático que asigna valores numéricos a todos los posibles resultados del experimento aleatorio. De esta manera, el espacio muestral Ω se representa por un conjunto de números que reflejan las características de interés del experimento.

En este capítulo se centra en los conceptos fundamentales sobre las variables aleatorias unidimensionales, que son esenciales para comprender cómo modelar y analizar fenómenos aleatorios en diversos contextos. A lo largo del capítulo, se estudian los distintos tipos de variables aleatorias (discretas, continuas, y mixtas), las operaciones que pueden realizarse con ellas, así como sus funciones de distribución y propiedades. Finalmente, se introducen las transformaciones de variables aleatorias, un aspecto esencial para su aplicación tanto en problemas teóricos como prácticos.

2.1. Concepto de variable aleatoria unidimensional

Una variable aleatoria X es una función que asigna un valor numérico a cada posible resultado del experimento aleatorio A, tal que:

https://dx.doi.org/10.5209/docm.004.02
Jugando con el azar: fundamentos para la estadística aplicada y la ciencia de datos. María Ángeles Medina Sánchez, Ziwei Shu, Rosario Susi García y Rosa Espínola Vílchez. © Ediciones Complutense, 2025.

$$X: \Omega \to \mathbb{R}$$
$$A \to X(A)$$

Más concretamente, es una variable cuyo valor numérico está determinado por el resultado de un experimento aleatorio A. Por ejemplo, en el experimento que consiste en lanzar una moneda 10 veces (siendo $c = cara$ y $x = cruz$), la variable aleatoria X puede definirse como $X=$ "número de caras".

Sea $(\Omega, \mathcal{P}(\Omega), P)$ un espacio de probabilidad. Se define la función $X: \Omega \to \mathbb{R}$ como una *variable aleatoria unidimensional* si y solo si:

$$\forall x \in \mathbb{R} \text{ se verifica que } B = \{A \epsilon \Omega \ / \ X(A) \leq x\} = X^{-1}((-\infty, x]) \in \mathcal{P}(\Omega)$$

Ejemplo 2.1

Sea el experimento aleatorio que consiste en lanzar dos monedas. Se pide:

1. *Determinar el espacio muestral de este experimento y comprobar si $X=$ "número de caras obtenidas" es una variable aleatoria.*
2. *Calcular la probabilidad de que el número de caras sea como máximo una.*

1. El espacio muestral de este experimento aleatorio incluye cuatro posibles resultados: $\Omega = \{(c,c), (c,x), (x,c), (x,x)\} = \{A_1, A_2, A_3, A_4\}$, siendo $c = cara$ y $x = cruz$.

   $\mathcal{P}(\Omega) = \{\emptyset, \Omega, A_i, \forall i = 1, \ldots, 4, uniones \ y \ complementarios \ de \ A_i \forall i = 1, \ldots, 4\}$

   Sea la variable aleatoria $X=$ "número de caras obtenidas" tal que $X: \Omega \to \mathbb{R}$ siendo:

   $$X(A_1) = 2$$
   $$X(A_2) = X(A_3) = 1$$
   $$X(A_4) = 0$$

   Una vez descrito el experimento aleatorio, se comprueba si X es una variable aleatoria:

   $\forall \ x < 0: B_1 = \{A \in \Omega \ / \ X(A) \leq x\} = \emptyset \in P(\Omega)$

   $\forall \ 0 \leq x < 1: B_2 = \{A \in \Omega \ / \ X(A) \leq x\} = \{A_4\} \in P(\Omega)$

   $\forall \ 1 \leq x < 2: B_3 = \{A \in \Omega \ / \ X(A) \leq x\} = \{A_2, A_3, A_4\} \in P(\Omega)$

   $\forall \ x \geq 2: B_4 = \{A \in \Omega \ / \ X(A) \leq x\} = \Omega \in P(\Omega)$

   Como todos los sucesos $B_i \in \mathcal{P}(\Omega), \ \forall \ i = 1, \ldots, 4 \Rightarrow X$ es una variable aleatoria.

2. La probabilidad de que el número de caras sea como máximo una se calcula dividiendo el número de casos favorables entre el número total de casos posibles. En este caso, hay 3 casos favorables: $(c, x), (x, c), (x, x)$ y 4 casos posibles. Entonces,

$$P(X \leq 1) = P(A_2) + P(A_3) + P(A_4) = \frac{1}{4} + \frac{1}{4} + \frac{1}{4} = \frac{3}{4}$$

De igual forma se obtiene que:

$$P(X \leq 1) = P(X - 0) + P(X = 1) = \frac{1}{4} + \frac{1}{2} = \frac{3}{4}$$

2.2. Operaciones con variables aleatorias

1. Sea X una variable aleatoria y c sea una constante, entonces cX también es una variable aleatoria.

2. Sea X una variable aleatoria y sean $a, b \in \mathbb{R}$, entonces $Y = aX + b$ también es una variable aleatoria.

3. Sea X una variable aleatoria, entonces $|X|$ también es una variable aleatoria. El recíproco no es cierto.

4. Sean X e Y dos variables aleatorias, entonces también son variables aleatorias las siguientes transformaciones:

   - $X + Y$
   - $X - Y$
   - XY
   - X / Y si $Y \neq 0$

5. Sean X e Y dos variables aleatorias, entonces $max\{X, Y\}$ y $min\{X, Y\}$ también son variables aleatorias. Como casos particulares lo son $X^+ = max\{0, X\}$ y $X^- = -min\{0, X\}$.

2.3. Función de distribución de una variable aleatoria unidimensional. Propiedades

Para conocer la probabilidad de todos los valores que toma un variable aleatoria X, se introduce la *función de distribución*, definida como una aplicación $F: \mathbb{R} \rightarrow [0,1]$ tal que:

$$F_X(x) = P(A \in \Omega \ / \ X(A) \leq x) = P(X \leq x) \qquad \forall x \in \mathbb{R}$$

Por su definición, la función de distribución no puede ser negativa y ha de estar entre 0 y 1, ya que es una probabilidad. Tampoco puede ser decreciente por su carácter de función acumulativa.

Por lo tanto, para que $F_X(x)$ sea una función de distribución, ha de verificar que:

1. **F_X sea una función no decreciente: $x_1 < x_2 \Rightarrow F_X(x_1) \leq F_X(x_2)$**

   $Sean\, x_1, x_2 \in \mathbb{R}$ tal que $x_1 < x_2 \Rightarrow F_X(x_2) = P(A \in \Omega \;/\; X(A) \leq x_2) =$

   $$= P(X \leq x_2) = P(\{X \leq x_1\} \cup \{x_1 < X \leq x_2\}) \overset{disjuntos}{=} P(\{X \leq x_1\}) +$$
   $$P(\{x_1 < X \leq x_2\}) \geq P(\{X \leq x_1\}) = F_X(x_1)$$
   $$\Rightarrow F_X(x_2) \geq F_X(x_1)$$

2. **$\lim\limits_{x \to -\infty} F_X(x) = 0$ y $\lim\limits_{x \to +\infty} F_X(x) = 1$**

   $$F_X(-\infty) = \lim\limits_{x \to -\infty} F_X(x) = \lim\limits_{x \to -\infty} P(X \leq x) = P(\emptyset) = 0$$
   $$F_X(+\infty) = \lim\limits_{x \to +\infty} F_X(x) = \lim\limits_{x \to +\infty} P(X \leq x) = P(\Omega) = 1$$

3. **F_X es una función continua por la derecha: $\forall\, x_0 \in \mathbb{R},\; F_X(x_0) = \lim\limits_{\substack{x \to x_0^+ \\ x_0 < x}} F_X(x)$**

   $$\lim\limits_{x \to x_0^+} F_X(x) = \lim\limits_{x \to x_0^+} P(X \leq x) \overset{x_0 < x}{=} P(X \leq x_0) + \lim\limits_{x \to x_0^+} P(x_0 < X \leq x) =$$
   $$= F_X(x_0) + P(\emptyset) = F_X(x_0)$$

Además de las características expuestas anteriormente, la función de distribución cumple las siguientes propiedades:

1. $\forall x \in \mathbb{R}: P(X > x) = 1 - F_X(x)$

2. Sean $x_1, x_2 \in \mathbb{R}$ tal que $x_1 < x_2 \Rightarrow P(x_1 < X \leq x_2) = F_X(x_2) - F_X(x_1)$

3. $\forall x \in \mathbb{R}: P\,(X < x) = F_X(x) - P(X = x)$

Ejemplo 2.2

Se realiza un lanzamiento de una moneda equilibrada, y se define la variable aleatoria X como el "número de caras obtenidas en dicho lanzamiento". Se pide determinar la variable aleatoria X y calcular su función de distribución.

El espacio muestral asociado al experimento es $\Omega = \{c, x\}$,
siendo $c = cara$ y $x = cruz$
$\Rightarrow X: \Omega \to \mathbb{R}$ tal que:

$$X(A) = \begin{cases} 1 & si\ A = c \\ 0 & si\ A = x \end{cases}$$

Como la moneda es equilibrada, $P(X = 0) = P(X = 1) = \frac{1}{2}$.

Para obtener la función de distribución, se sabe que $F_X(x) = P(X \leq x)\ \forall\ x \in \mathbb{R}$
Entonces,

$\forall\ x < 0: F_X(x) = P(X \leq x) = P(\emptyset) = 0$

$\forall\ 0 \leq x < 1: F_X(x) = P(X \leq x) = P(X = 0) = \dfrac{1}{2}$

$\forall\ x \geq 1: F_X(x) = P(X \leq x) = P(\Omega) = 1$

Por lo tanto, la función de distribución de la variable aleatoria X es tal que:

$$F_X(x) = \begin{cases} 0 & si\ x < 0 \\ \dfrac{1}{2} & si\ 0 \leq x < 1 \\ 1 & si\ x \geq 1 \end{cases}$$

2.4. Variables aleatorias discretas, continuas y mixtas

Toda variable aleatoria viene caracterizada por su función de distribución, lo que permite clasificarla en tres tipos según las características de esta función: variables aleatorias discretas, absolutamente continuas (en general, las llamaremos continuas), y mixtas.

Variables aleatorias discretas. Función de masa

Una variable aleatoria $X: \Omega \to \mathbb{R}$ es una *variable aleatoria discreta* si toma valores sobre un conjunto finito o infinito numerable $\{x_1, x_2, \ldots, x_n, \ldots\}$. Los valores $\{x_1, x_2, \ldots, x_n, \ldots\}$ se denominan *puntos de masa* y son aquellos tales que $P\ (X = x_i) = p_i \neq 0\ \forall\ i \in \mathbb{N}$. Además, se cumple:

1. $p_i = P(X = x_i) > 0\ \forall\ i \in \mathbb{N}$

2. $\sum_{i=1}^{\infty} p_i = 1$

La *función de masa* es el conjunto de las probabilidades asignadas a los puntos de masa, dada por:

$$P(X = x_i) = \begin{cases} p_1 & si\ x = x_1 \\ p_2 & si\ x = x_2 \\ \vdots & \vdots \\ p_n & si\ x = x_n \\ 0 & si\ x\ no\ es\ punto\ de\ masa \end{cases}$$

La *función de distribución* de una variable aleatoria discreta X es una **función escalonada**, es decir, es una función continua salvo en un conjunto finito o infinito numerable de puntos (los puntos de masa) donde se presentan discontinuidades de saltos finitas. La función de distribución de una variable aleatoria discreta X viene dada mediante la función de masa, según la siguiente expresión:

$$F_X(x) = P(X \leq x) = \sum_{x_i \leq x} P(X = x_i) = \sum_{x_i \leq x} p_i$$

Así, la función de distribución de una variable aleatoria discreta X es tal que:

$$F_X(x) = \begin{cases} 0 & si\ x < x_1 \\ p_1 & si\ x_1 \leq x < x_2 \\ p_1 + p_2 & si\ x_2 \leq x < x_3 \\ \vdots & \\ p_1 + p_2 + \ldots + p_{n-1} = \sum_{i=1}^{n-1} p_i & si\ x_{n-1} \leq x < x_n \\ 1 & si\ x \geq x_n \end{cases}$$

En la Figura 1.6, se muestra la relación entre la función de masa de una variable aleatoria discreta X con cinco puntos de masa y su función de distribución asociada. La función de masa asigna probabilidades a los valores posibles de la variable, mientras que la función de distribución acumulada muestra cómo se suman estas probabilidades hasta cada valor.

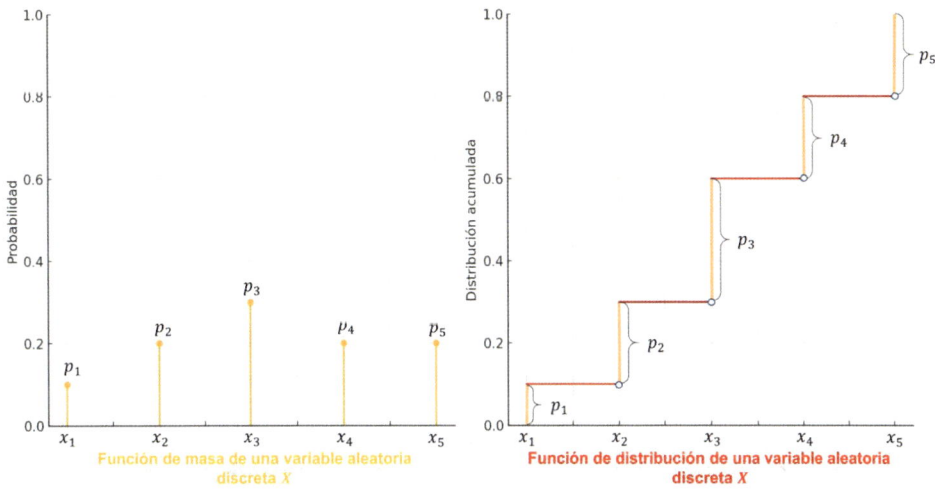

Figura 1.6. Relación entre la función de masa de una variable discreta X
y su función de distribución.

Ejemplo 2.3

*Se realiza el lanzamiento de un dado equilibrado dos veces, y se define la variable
aleatoria X como la suma de las dos tiradas. Se pide:*

1. *Determinar la variable aleatoria X.*
2. *Calcular su función de masa y su función de distribución.*
3. *Calcular la probabilidad de que X sea mayor que 3.*

1. El espacio muestral asociado al experimento es

$$\Omega = \begin{Bmatrix} (1,1), (1,2), (1,3), (1,4), (1,5), (1,6), \\ (2,1), (2,2), (2,3), (2,4), (2,5), (2,6), \\ (3,1), (3,2), (3,3), (3,4), (3,5), (3,6), \\ (4,1), (4,2), (4,3), (4,4), (4,5), (4,6), \\ (5,1), (5,2), (5,3), (5,4), (5,5), (5,6), \\ (6,1), (6,2), (6,3), (6,4), (6,5), (6,6) \end{Bmatrix} \Rightarrow X\colon \Omega \to \mathbb{R} \text{ tal que:}$$

$$X(A) = \begin{cases} 2 \ si \ A = (1,1) \\ 3 \ si \ A = (1,2) \ o \ (2,1) \\ 4 \ si \ A = (1,3) \ o \ (2,2) \ o(3,1) \\ 5 \ si \ A = (1,4) \ o \ (2,3) o \ (3,2) \ o \ (4,1) \\ 6 \ si \ A = (1,5) \ o \ (2,4) \ o(3,3) \ o \ (4,2) \ o \ (5,1) \\ 7 \ si \ A = (1,6) \ o \ (2,5) \ o(3,4) \ o \ (4,3) \ o \ (5,2) \ o \ (6,1) \\ 8 \ si \ A = (2,6) \ o \ (3,5) \ o(4,4) \ o \ (5,3) \ o \ (6,2) \\ 9 \ si \ A = (3,6) \ o \ (4,5) o \ (5,4) \ o \ (6,3) \\ 10 \ si \ A = (4,6) \ o \ (5,5) \ o(6,4) \\ 11 \ si \ A = (5,6) \ o \ (6,5) \\ 12 \ si \ A = (6,6) \end{cases}$$

2. La variable aleatoria X puede tomar los siguientes puntos de masa $X = \{2,3,4,5,6,7,8,9,10,11,12\}$. Su función de masa viene dada por:

$$p_1 = P(X = 2) = \frac{1}{36}$$

$$p_2 = P(X = 3) = \frac{2}{36}$$

$$p_3 = P(X = 4) = \frac{3}{36}$$

$$p_4 = P(X = 5) = \frac{4}{36}$$

$$p_5 = P(X = 6) = \frac{5}{36}$$

$$p_6 = P(X = 7) = \frac{6}{36}$$

$$p_7 = P(X = 8) = \frac{5}{36}$$

$$p_8 = P(X = 9) = \frac{4}{36}$$

$$p_9 = P(X = 10) = \frac{3}{36}$$

$$p_{10} = P(X = 11) = \frac{2}{36}$$

$$p_{11} = P(X = 12) = \frac{1}{36}$$

Obsérvese que $p_1 + p_2 + \ldots + p_{12} = 1$, con esta función de masa, se calcula la función de distribución de la variable aleatoria X como:

$$F_X(x) = \begin{cases} 0 & si \ x < 2 \\ \dfrac{1}{36} & si \ 2 \leq x < 3 \\ \dfrac{1}{36} + \dfrac{2}{36} = \dfrac{1}{12} & si \ 3 \leq x < 4 \\ \dfrac{1}{36} + \dfrac{2}{36} + \dfrac{3}{36} = \dfrac{1}{6} & si \ 4 \leq x < 5 \\ \dfrac{5}{18} & si \ 5 \leq x < 6 \\ \dfrac{5}{12} & si \ 6 \leq x < 7 \\ \dfrac{7}{12} & si \ 7 \leq x < 8 \\ \dfrac{13}{18} & si \ 8 \leq x < 9 \\ \dfrac{5}{6} & si \ 9 \leq x < 10 \\ \dfrac{11}{12} & si \ 10 \leq x < 11 \\ \dfrac{35}{36} & si \ 11 \leq x < 12 \\ 1 & si \ x \geq 12 \end{cases}$$

3. La probabilidad de que X sea mayor que 3 se calcula como:

$$P(X > 3) = 1 - P(X \leq 3) = 1 - \big(P(X = 2) + P(X = 3)\big) = 1 - \left(\dfrac{1}{36} + \dfrac{2}{36}\right) = \dfrac{11}{12}$$

Variables aleatorias continuas. Función de densidad

Una variable aleatoria $X: \Omega \to \mathbb{R}$ es una *variable aleatoria continua* si su función de distribución es absolutamente continua, es decir si existe una función f_X no negativa tal que:

$$F_X(x) = \int_{-\infty}^{x} f_X(t)dt \quad \forall x \in \mathbb{R}$$

De hecho, la variable aleatoria continua puede tomar cualquier valor numérico dentro de un intervalo, de manera que siempre existe otro valor posible entre cualesquiera dos de ellos. Por ejemplo, el tiempo que dure una llamada telefónica, puede tomar valores en un intervalo de los números reales positivos ($\mathbb{R}$).

La función f_X se denomina *función de densidad* y cumple las siguientes características:

1. $f_X(t) \geq 0 \;\; \forall\, t \in \mathbb{R}$

2. $\int_{-\infty}^{+\infty} f_X(t)dt = 1$

Además, si $f_X(t)$ es continua en $[a, b]$, la derivada de la función de distribución en $[a, b]$ coincide con la función de densidad en dicho intervalo, tal que $F_X'(t) = f_X(t) \;\; \forall\, t \in [a, b]$.

Cuando se trabaja con variables aleatorias continuas, es importante tener en cuenta cómo calcular las probabilidades en un punto o en un intervalo, así para el caso continuo si se pretende obtener.

3. $P\,(X = x_0) = \int_{x_0}^{x_0} f_X(t)dt = 0 \;\;\; \forall\, x_0 \in \mathbb{R}$

En el caso de una variable aleatoria continua, la probabilidad de cualquier punto concreto x_0 es cero, porque no hay área bajo la curva:

$$P(x_0 \leq X \leq x_0) = \int_{x_0}^{x_0} f_X(x)dx = 0 \;\;\; \forall\, x_0 \in \mathbb{R}$$

4. $P\,(a < X \leq b) = P\,(a \leq X \leq b) = P\,(a \leq X < b) = P\,(a < X < b) = \int_a^b f_X(t)dt = F_X(b) - F_X(a)$

Ejemplo 2.4

Dada una variable aleatoria con función de densidad $f_X(x) = \begin{cases} k & si\; 0 < x < 2 \\ 0 & en\; otro\; caso \end{cases}$.

Se pide:

1. *Calcular k para que $f_X(x)$ sea una función de densidad.*
2. *Calcular la función de distribución $F_X(x)$.*
3. *Calcular la probabilidad de que X sea mayor que 1.*

1. Para que $f_X(x)$ sea una función de densidad, debe cumplir dos condiciones:

    1) La función debe ser no negativa para todo x: $f_X(x) \geq 0$

    2) La integral de la función sobre todo su rango debe ser igual a 1:

$$\int_{-\infty}^{+\infty} f_X(x)dx = 1$$

Para cumplir con la primera condición, k debe ser positivo. Para cumplir con la segunda condición, tenemos que calcular la integral de la función $f_X(x)$ como:

$\int_{-\infty}^{+\infty} f_X(x)dx = \int_{-\infty}^{0} 0dx + \int_{0}^{2} kdx + \int_{2}^{+\infty} 0dx = 0 + k[x]_0^2 + 0 = k(2 - 0) = 2k = 1$

$\Rightarrow k = \dfrac{1}{2}$

Por lo tanto, $k = \dfrac{1}{2}$ para que $f_X(x)$ sea una función de densidad. La función de densidad queda:

$$f_X(x) = \begin{cases} \dfrac{1}{2} & si\ 0 < x < 2 \\ 0 & en\ otro\ caso \end{cases}$$

2. Se sabe que $F_X(x) = \int_{-\infty}^{x} f_X(x)dx \quad \forall x \in \mathbb{R} \Rightarrow$

Si $x \leq 0$, $F_X(x) = \int_{-\infty}^{0} 0dx = 0$

Si $0 < x < 2$, $F_X(x) = \int_{-\infty}^{x} f_X(x)dx = \int_{-\infty}^{0} 0dx + \int_{0}^{x} \dfrac{1}{2}dx = 0 + \dfrac{1}{2}[x]_0^x = \dfrac{x}{2}$

Si $x \geq 2$, $F_X(x) = 1$

Así, la función de distribución es:

$$F_X(x) = \begin{cases} 0 & si\ x \leq 0 \\ \dfrac{x}{2} & si\ 0 < x < 2 \\ 1 & si\ x \geq 2 \end{cases}$$

3. La probabilidad de interés se calcula como:

$$P(X > 1) = 1 - P(X \leq 1) = 1 - F_X(1) = 1 - \dfrac{1}{2} = \dfrac{1}{2}$$

Variables aleatorias mixtas

Una variable aleatoria $X: \Omega \to \mathbb{R}$ es una *variable aleatoria mixta* si su función de distribución presenta saltos en un conjunto de puntos y es continua para el resto de los valores de $\mathbb{R}$. Por tanto, una variable aleatoria mixta se caracteriza por tener una parte discreta y una parte continua.

Sea X una variable aleatoria mixta con probabilidad, $p_1, p_2, \ldots, p_n$ ($p_i \neq 0\ \forall i$), en los puntos de masa $\{x_1, x_2, \ldots, x_n\}$ y con función de densidad $f_X(x)$ definida para el intervalo $[a, b]$, entonces se tiene que:

* $\sum_{i=1}^{n} p_i = p < 1$
* $P(a \leq x \leq b) = \int_{a}^{b} f_X(x)dx = 1 - p$

La *función de distribución* de una variable aleatoria mixta se puede obtener mediante dos funciones de distribución, una función de distribución discreta y una función de distribución continua, tal que:

$$F_X(x) = \alpha F_d(x) + (1 - \alpha)F_c(x)$$

siendo $F_d(x)$ la función de distribución correspondiente a la parte discreta de la variable aleatoria mixta, $F_c(x)$ la función de distribución absolutamente continua correspondiente a la parte continua de la variable aleatoria mixta y $\alpha \in (0,1)$.

Ejemplo 2.5

El tiempo de espera en la cola, para pedir el menú del día, en la cafetería de la facultad es cero cuando no hay fila, lo cual ocurre con una probabilidad de $\frac{1}{5}$. Si hay fila, el tiempo de espera se distribuye como una variable aleatoria continua que representa el tiempo necesario cuya función de densidad es:

$$f_X(x) = \begin{cases} e^{-x} & si\ x > 0 \\ 0 & en\ otro\ caso \end{cases}.$$

Sea Y una variable aleatoria mixta que representa el tiempo de espera en la cola de la cafetería compuesta por una parte discreta X_d y una parte continua X_c. Para esta variable aleatoria mixta Y, la función de masa asociada a la parte discreta es $P(X_d = 0) = 1$, y la función de densidad asociada a la parte continua es:

$$f_X(x) = \begin{cases} e^{-x} & si\ x > 0 \\ 0 & en\ otro\ caso \end{cases}$$

Se pide:

1. *Calcular α para que Y sea una variable aleatoria.*
2. *Calcular la función de distribución de Y.*

1. Para calcular el valor α, debemos tener en cuenta la probabilidad acumulada en la parte continua.

   $P(Y = 0) = \frac{1}{5} = \alpha, \rightarrow \alpha = \frac{1}{5}$

   $(1 - \alpha)\int_0^{+\infty} e^{-x}dx = -(1 - \alpha)[e^{-x}]_0^{+\infty} = -(1 - \alpha)(0 - 1) = 1 - \alpha = 1 - \frac{1}{5} = \frac{4}{5}$

2. Para calcular la función de distribución de la variable aleatoria Y, se procede de la siguiente forma:

   Si $y < 0$, $F_Y(y) = 0$

   Si $y = 0$, $F_Y(y) = \alpha P(X = 0) = \frac{1}{5}$

Si $y > 0$, $F_Y(y) = \frac{1}{5} + \int_0^y f_c(t)dt = \frac{1}{5} + \frac{4}{5}\int_0^x e^{-t}dt = \frac{1}{5} + \frac{4}{5}\int_0^y e^{-t}dt = \frac{1}{5} + \frac{4}{5}[-e^{-t}]_0^y = \frac{1}{5} - \frac{4}{5}(e^{-y} - e^{-0}) = \frac{1}{5} - \frac{4}{5}(e^{-y} - 1) = \frac{1}{5} - \frac{4}{5}e^{-y} + \frac{4}{5} = 1 - \frac{4}{5}e^{-y}$

Por tanto, la función de distribución de la variable aleatoria Y viene dada por:

$$F_Y(y) = \begin{cases} 0 & si\ y < 0 \\ \dfrac{1}{5} & si\ y = 0 \\ 1 - \dfrac{4}{5}e^{-x} & si\ y > 0 \end{cases}$$

2.5. Transformaciones de variables aleatorias

Hay distintos métodos para obtener la distribución de una transformación aplicada a una variable aleatoria, que también es variable aleatoria.

Sea X una variable aleatoria definida en el espacio de probabilidad $(\Omega, \mathcal{P}(\Omega), P)$ con función de distribución $F_X(x)$. Sea Y una transformación de la variable aleatoria X dada por $h(X)$, donde Y también es variable aleatoria cuyo espacio de probabilidad depende del espacio de probabilidad de la variable aleatoria X y de su función de distribución. Sea A un suceso de Y, entonces:

$$P(Y \in A) = P(h(X) \in A) = P(X \in h^{-1}(A))$$

Para caracterizar la nueva variable aleatoria Y, tenemos que determinar su función de distribución $F_Y(y)$, dada por:

- Si la transformación asociada a la Y es derivable y estrictamente monótona **creciente** en el intervalo de definición de X,

$$F_Y(y) = P(Y \leq y) = P(h(X) \leq y) = P(X \leq h^{-1}(y))$$

- Si la transformación asociada a la Y es derivable y estrictamente monótona **decreciente** en el intervalo de definición de X,

$$F_Y(y) = P(Y \leq y) = P(h(X) \geq y) = P(X \geq h^{-1}(y))$$

- Si la transformación asociada a la Y no es derivable o no es estrictamente monótona en el intervalo de definición de X,

$$F_Y(y) = P(Y \leq y) = P(X \in h^{-1}(y))$$

Transformación de una variable aleatoria discreta

Sea X una variable aleatoria discreta y sea $Y = h(X)$ entonces la *función de masa* de la nueva variable aleatoria Y viene dada como:

$$P(Y = y) = P(h(X) = y) = P(X \in h^{-1}(y)) = \sum_{x \in h^{-1}(y)} P(X = x)$$

Ejemplo 2.6

Sea X una variable aleatoria discreta con función de masa $P(X = -2) = \frac{7}{25}$, $P(X = -1) = \frac{5}{25}$, $P(X = 0) = \frac{3}{25}$, $P(X = 1) = \frac{2}{25}$, *y* $P(X = 2) = \frac{8}{25}$. *Sea* $Y = X^2$ *una transformación de la variable X. Calcular la función de masa de la variable Y, así como su función de distribución.*

Sabiendo que los puntos de masa de la variable aleatoria X son $\{-2, -1, 0, 1, 2\}$ y que $Y = X^2$, entonces los puntos de masa de la variable aleatoria Y son $\{0, 1, 4\}$. La función de masa de la variable Y queda determinada por:

$$P(Y = 0) = P(X^2 = 0) = P(X = 0) = \frac{2}{25}$$
$$P(Y = 1) = P(X^2 = 1) = P(X = -1) + P(X = 1) = \frac{5}{25} + \frac{2}{25} = \frac{7}{25}$$
$$P(Y = 4) = P(X^2 = 4) = P(X = -2) + P(X = 2) = \frac{7}{25} + \frac{8}{25} = \frac{15}{25}$$

Para encontrar la función de distribución de la variable aleatoria Y, tenemos $F_Y(y) = P(Y \leq y)$, entonces:

$$F_Y(0) = P(Y \leq 0) = P(Y = 0) = \frac{2}{25}$$
$$F_Y(1) = P(Y \leq 1) = P(Y = 0) + P(Y = 1) = \frac{2}{25} + \frac{7}{25} = \frac{9}{25}$$
$$F_Y(4) = P(Y \leq 4) = P(Y = 0) + P(Y = 1) + P(Y = 4) = \frac{2}{25} + \frac{7}{25} + \frac{15}{25} = 1$$

Transformación de una variable aleatoria continua

Sea X una variable aleatoria continua definida en el intervalo (x_0, x_1) con función de distribución $F_X(x)$ y con función de densidad $f_X(x)$. Sea $Y = h(X)$ una transformación de la variable aleatoria X tal que:
- h es una función derivable.
- h es estrictamente monótona.

Si la transformación asociada a la Y es derivable y estrictamente monótona cuando X toma valores en el intervalo puesto, la *función de densidad* de la nueva variable aleatoria Y viene dada por la siguiente expresión:

$$f_Y(y) = f_X(h^{-1}(y)) \left| \frac{\partial}{\partial_y}(h^{-1}(y)) \right| \quad \forall y \in dominio\ de\ definición$$

donde $h^{-1}(y)$ es la función inversa de la transformación $y = h(x)$.

El dominio de definición de la variable aleatoria Y dependerá de que la función de transformación sea creciente o decreciente. En el caso de que $h(X)$ sea estrictamente creciente en el dominio de definición de la variable aleatoria X será $(h(x_0), h(x_1))$, si por el contrario es una transformación decreciente el dominio de definición será $(h(x_1), h(x_0))$.

Si la transformación asociada a la Y no es derivable o no es estrictamente monótona en el intervalo de definición de X, es necesario determinar la función de distribución de la variable aleatoria Y para el caso general de las transformaciones de una variable aleatoria, que es:

$$F_Y(y) = P(Y \leq y) = P(X \in h^{-1}(y))$$

En este caso, la *función de densidad* de la nueva variable aleatoria Y se calcula como $f_Y(y) = F'_Y(y)$.

Ejemplo 2.7

Continuando con la función de densidad de la variable aleatoria X en el Ejemplo 2.4,

que $f_X(x) = \begin{cases} \dfrac{1}{2} & si\ 0 < x < 2 \\ 0 & en\ otro\ caso \end{cases}$.

Sea $Y = X^2$ *una transformación de la variable aleatoria X. Se pide:*

1. *Calcular la función de densidad de la variable aleatoria Y.*
2. *Calcular la función de distribución de la variable aleatoria Y.*

1. En primer lugar, se calcula el dominio de definición de la variable aleatoria Y. Como la función X^2 es una función creciente en el intervalo $(0, 2)$, la imagen del dominio de la variable aleatoria X es $(0, (0^2, 2^2)$ que es el dominio de definición de la variable aleatoria Y.

   A continuación, se comprueba si la transformación asociada a Y es derivable y estrictamente monótona cuando X toma valores en el intervalo $(0, 2)$.

La transformación asociada a Y es X^2, cuya derivada es $\frac{d}{dx}x^2 = 2x$. La derivada es siempre positiva en el intervalo $(0, 2)$, lo cual indica que la transformación $Y = X^2$ es estrictamente creciente en este intervalo (ver la Figura 1.7).

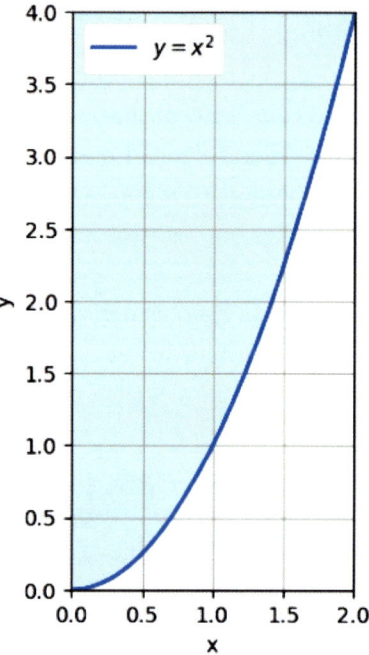

Figura 1.7. $Y=X^2$ (Ejemplo 2.7).

Como la transformación asociada a la Y es derivable y estrictamente monótona cuando X toma valores en el intervalo $(0, 2)$, se puede calcular la función de densidad de la variable aleatoria Y mediante la fórmula siguiente:

$$f_Y(y) = f_X(h^{-1}(y)) \left| \frac{\partial}{\partial_y}(h^{-1}(y)) \right|$$

donde $h^{-1}(y)$ es la función inversa de la transformación $Y = X^2$.

Resolvamos para X en términos de Y: $X^2 = Y \rightarrow X = \pm\sqrt{Y}$.

Considerando que $0 < x < 2$, entonces $h^{-1}(y) = \sqrt{y}$.

Se calcula la derivada parcial de $h^{-1}(y) = \sqrt{y} = y^{\frac{1}{2}}$ con respecto a y como:

$$\frac{\partial}{\partial_y}(\sqrt{y}) = \frac{1}{2}y^{\frac{1}{2}-1} \cdot (y)' = \frac{1}{2}y^{-\frac{1}{2}} \cdot 1 = \frac{1}{2}y^{-\frac{1}{2}}$$

Entonces,

$$f_Y(y) = f_X(h^{-1}(y)) \left| \frac{\partial}{\partial_y}(h^{-1}(y)) \right| = f_X(\sqrt{y}) \left| \frac{\partial}{\partial_y}(\sqrt{y}) \right| = \frac{1}{2} \cdot \left| \frac{1}{2}y^{-\frac{1}{2}} \right| =$$

$$\frac{1}{4\sqrt{y}} \quad \forall y \in (0,4)$$

La función de densidad de la variable aleatoria Y viene dada por:

$$f_Y(y) = \begin{cases} \dfrac{1}{4\sqrt{y}} & si\ 0 < y < 4 \\ 0 & en\ otro\ caso \end{cases}$$

2. Se sabe que $F_Y(y) = \int_{-\infty}^{y} f_Y(y)dy \quad \forall y \in \mathbb{R} \Rightarrow$

Si $y \leq 0$, $F_Y(y) = \int_{-\infty}^{0} 0dy = 0$

Si $\quad 0 < y < 4 \quad$, $\quad F_Y(y) = \int_{-\infty}^{y} f_Y(y)dy = \int_{-\infty}^{0} 0dy + \int_{0}^{y} \frac{1}{4\sqrt{y}}dy = 0 +$

$$\frac{1}{4}\int_{0}^{y} y^{-\frac{1}{2}}dy = \frac{1}{4}\left[\frac{y^{-\frac{1}{2}+1}}{-\frac{1}{2}+1}\right]_{0}^{y} = \frac{1}{4}\left[2y^{\frac{1}{2}}\right]_{0}^{y} = \frac{1}{4}\left(2y^{\frac{1}{2}} - 0\right) = \frac{\sqrt{y}}{2}$$

Si $y \geq 4$, $F_Y(y) = 1$

Así, la función de distribución es:

$$F_Y(y) = \begin{cases} 0 & si\ y \leq 0 \\ \dfrac{\sqrt{y}}{2} & si\ 0 < y < 4 \\ 1 & si\ y \geq 4 \end{cases}$$

Ejemplo 2.8

Siguiendo con la función de densidad de la variable aleatoria X del Ejemplo 2.4, ahora el rango de x se modifica a $-1 < x < 1$. Sea $Y = X^2$ una transformación de la variable aleatoria X. Se pide:

1. *Calcular la función de distribución de la variable aleatoria Y.*
2. *Calcular la función de densidad de la variable aleatoria Y.*

1. En este caso, $f_X(x) = \begin{cases} \dfrac{1}{2} & si\ -1 < x < 1 \\ 0 & en\ otro\ caso \end{cases}$.

En primer lugar, calculamos el dominio de definición de la variable aleatoria Y.

$Y = X^2$, por lo tanto $Y \in [0, 1)$.

A continuación, se comprueba si la transformación asociada a Y es derivable y estrictamente monótona cuando X toma valores en el intervalo (-1,1).

La transformación asociada a Y es X^2, cuya derivada es $\frac{d}{dx} x^2 = 2x$. La derivada es negativa en el intervalo (-1,0), y positiva en el intervalo [0,1). Esto significa que, la transformación es decreciente en el intervalo (-1,0) y es creciente en el intervalo [0,1) (ver la Figura 1.8).

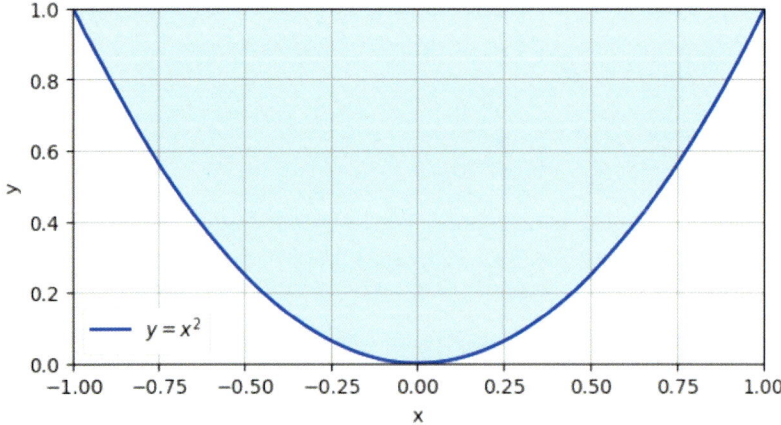

Figura 1.8. Y=X^2 (Ejemplo 2.8).

Por lo tanto, la transformación asociada a la Y es derivable pero no es estrictamente monótona cuando X toma valores en el intervalo (-1,1). Es necesario determinar la función de distribución de la variable aleatoria Y como:

$$F_Y(y) = P(Y \leq y) = P(X \in h^{-1}(y))$$

donde $h^{-1}(y)$ es la función inversa de la transformación $Y = X^2$.

Resolvemos para X en términos de Y: $X^2 = Y \rightarrow X = \pm\sqrt{Y}$.

Considerando que $-1 < x < 1$, entonces $h^{-1}(y) = \pm\sqrt{y}$.

$$F_Y(y) = P(Y \leq y) = P(X^2 \leq y) = P(X \in h^{-1}(y)) = P(|X| \leq \sqrt{y}) =$$

$$= P(-\sqrt{y} \leq X \leq \sqrt{y}) = \int_{-\sqrt{y}}^{\sqrt{y}} \frac{1}{2} dx = \left[\frac{1}{2}x\right]_{-\sqrt{y}}^{\sqrt{y}} = \sqrt{y} \quad \forall y \in [0, 1)$$

Por lo tanto, la función de distribución de la variable aleatoria Y queda:

$$F_Y(y) = \begin{cases} 0 & si\ y < 0 \\ \sqrt{y} & si\ 0 \leq y < 1 \\ 1 & si\ y \geq 1 \end{cases}$$

2. Una vez obtenida la función de distribución de la variable aleatoria Y, la función de densidad de dicha variable se calcula como:

$$f_Y(y) = F'_Y(y) = \begin{cases} \dfrac{1}{2}y^{\frac{1}{2}-1} = \dfrac{1}{2}y^{-\frac{1}{2}} = \dfrac{1}{2\sqrt{y}} & si\ 0 \leq y < 1 \\ 0 & en\ otro\ caso \end{cases}$$

Ejemplo 2.9

Siguiendo con la función de densidad de la variable aleatoria X del Ejemplo 2.4. Sea Y = [X] (parte entera de X) una transformación de la variable aleatoria X. Se pide: Calcular la función de distribución de la variable aleatoria Y.

En este caso, la transformación no es derivable y se transforma una variable aleatoria X continua en el intervalo $(0, 2)$ en una variable Y discreta en los puntos $\{0, 1\}$.

Sabemos que $f_X(x) = \begin{cases} \dfrac{1}{2} & si\ 0 < x < 2 \\ 0 & en\ otro\ caso \end{cases}$

Por tanto, $P(Y = 0) = P\big(X \in (0, 1)\big) = \dfrac{1}{2}$ y $P(Y = 1) = P\big(X \in [1, 2)\big) = \dfrac{1}{2}$

2.6. Ejercicios

Ejercicios resueltos

Ejercicio R. 2.1

En una urna hay diez bolas, de las cuales ocho son rojas y dos son negras. Se seleccionan dos bolas al azar (sin remplazamiento) de estas diez. Sea X la variable aleatoria que representa el número de bolas rojas seleccionadas. Se pide:

1. Determinar la variable aleatoria X.

2. Calcular su función de masa y su función de distribución.

3. Calcular la probabilidad de que X sea mayor que 1.

4. Calcular la probabilidad de que X pertenezca al intervalo [1,2].

Solución:

1. El espacio muestral es el conjunto de todos los posibles resultados de este experimento. En este caso, el espacio muestral asociado al experimento es $\Omega = \{(negra, negra), (negra, roja), (roja, negra), (roja, roja)\} \Rightarrow X: \Omega \to \mathbb{R}$ tal que:

$$X(A) = \begin{cases} 0 \; si \; A = (negra, negra) \\ 1 \; si \; A = (negra, roja) \; o \; (roja, negra) \\ 2 \; si \; A = (roja, roja) \end{cases}$$

2. La variable aleatoria X puede tomar los siguientes puntos de masa $X = \{0,1,2\}$, la función de masa viene dada por:

$p_1 = P(X = 0) = \dfrac{2}{10} \cdot \dfrac{1}{9} = \dfrac{1}{45}$

$p_2 = P(X = 1) = \dfrac{2}{10} \cdot \dfrac{8}{9} + \dfrac{8}{10} \cdot \dfrac{2}{9} = \dfrac{16}{45}$

$p_3 = P(X = 2) = \dfrac{8}{10} \cdot \dfrac{7}{9} = \dfrac{28}{45}$

Obsérvese que $p_1 + p_2 + p_3 = 1$, con esta función de masa, calculamos la función de distribución de la variable aleatoria X como:

$$F_X(x) = \begin{cases} 0 \; si \; x < 0 \\ \dfrac{1}{45} \; si \; 0 \leq x < 1 \\ \dfrac{17}{45} \; si \; 1 \leq x < 2 \\ 1 \; si \; x \geq 2 \end{cases}$$

La probabilidad de que X sea mayor que 1 se calcula como:

$$P\,(X > 1) = 1 - P(X \leq 1) = 1 - (P(X = 0) + P(X = 1)) = 1 - (\frac{1}{45} + \frac{16}{45}) = \frac{28}{45}$$

La probabilidad de que X pertenezca al intervalo [1,2] se calcula como:

$$P\,(1 \leq X \leq 2) = P(X = 1) + P(X = 2) = \frac{16}{45} + \frac{28}{45} = \frac{44}{45}$$

También se puede calcular esta probabilidad utilizando la función de distribución $F_X(x) = P(X \leq x)$:

$$P\,(1 \leq X \leq 2) = P(X \leq 2) - P(X < 1) = P(X \leq 2) - P(X \leq 0)$$
$$= F_X(2) - F_X(0) = 1 - \frac{1}{45} = \frac{44}{45}$$

Ejercicio R. 2.2

En un restaurante local, se ha observado que el peso en kilogramos de patatas necesarias para la preparación de alimentos en una hora es una variable aleatoria continua X cuya función de densidad viene dada por:

$$f_X(x) = \begin{cases} cx & si\ 2 \leq x \leq 4 \\ 0 & en\ otro\ caso \end{cases}$$

Se pide:

1. Calcular c para que $f_X(x)$ sea una función de densidad.

2. Calcular la función de distribución $F_X(x)$.

3. Calcular la probabilidad de que, en una hora al azar del día, este restaurante necesite más de 3 kg de patatas para preparar los alimentos.

Solución:

1. Para que $f_X(x)$ sea una función de densidad, debe cumplir dos condiciones:

    1) La función debe ser no negativa para todo x: $f_X(x) \geq 0$

    2) La integral de la función sobre todo su rango debe ser igual a 1:
    $\int_{-\infty}^{+\infty} f_X(x)dx = 1$

Para cumplir con la primera condición, c debe ser positivo. Para cumplir con la segunda condición, tenemos que calcular la integral de la función $f_X(x)$ como:

$$\int_{-\infty}^{+\infty} f_X(x)dx = \int_{-\infty}^{2} 0dx + \int_{2}^{4} cxdx + \int_{4}^{+\infty} 0dx = 0 + c\int_{2}^{4} xdx + 0 = c\left[\frac{x^2}{2}\right]_{2}^{4} =$$

$$= c\left(\frac{4^2}{2} - \frac{2^2}{2}\right) = c \cdot 6 = 1 \Rightarrow c = \frac{1}{6}$$

Por lo tanto, $c = \dfrac{1}{6}$ para que $f_X(x)$ sea una función de densidad. La función de densidad queda:

$$f_X(x) = \begin{cases} \dfrac{1}{6}x & si\ 2 \leq x \leq 4 \\ 0 & en\ otro\ caso \end{cases}$$

2. Se sabe que $F_X(x) = \int_{-\infty}^{x} f_X(x)dx \quad \forall x \in \mathbb{R} \Rightarrow$

Si $x < 2$, $F_X(x) = \int_{-\infty}^{2} 0dx = 0$

Si $\quad 2 \leq x \leq 4 \quad$, $\quad F_X(x) = \int_{-\infty}^{x} f_X(x)dx = \int_{-\infty}^{2} 0dx + \int_{2}^{x} \frac{1}{6}xdx = 0 +$

$\frac{1}{6}\int_{2}^{x} xdx = \frac{1}{6}\left[\frac{x^2}{2}\right]_{2}^{x} = \frac{1}{6}\left(\frac{x^2}{2} - \frac{2^2}{2}\right) = \frac{x^2-4}{12}$

Si $\quad x > 4 \quad$, $\quad F_X(x) = \int_{-\infty}^{x} f_X(x)dx = \int_{-\infty}^{2} 0dx + \int_{2}^{4} \frac{1}{6}xdx + \int_{4}^{x} 0dx = 0 +$

$\frac{1}{6}\left(\frac{4^2}{2} - \frac{2^2}{2}\right) + 0 = 1$

Así, la función de distribución es:

$$F_X(x) = \begin{cases} 0 & si\ x < 2 \\ \dfrac{x^2 - 4}{12} & si\ 2 \leq x \leq 4 \\ 1 & si\ x > 4 \end{cases}$$

3. La probabilidad de interés se calcula como:

$$P(X > 3) = 1 - P(X \leq 3) = 1 - F_X(3) = 1 - \frac{3^2 - 4}{12} = 1 - \frac{5}{12} = \frac{7}{12}$$

Ejercicio R. 2.3

Sea X una variable aleatoria discreta con función de masa $P(X = -2) = \frac{1}{5}$, $P(X = -1) = \frac{1}{6}$, $P(X = 0) = \frac{1}{5}$, $P(X = 1) = \frac{1}{15}$, y $P(X = 2) = \frac{11}{30}$. Sea Y una transformación de la variable X. Se pide calcular la función de masa de la variable Y, cuando

1. $Y = X^2 + 3$
2. $Y = X + 2$

Solución:

Sabiendo que los puntos de masa de la variable aleatoria X son $\{-2, -1, 0, 1, 2\}$ y que $Y = X^2 + 3$, entonces los puntos de masa de la variable aleatoria Y son $\{3, 4, 7\}$. La función de masa de la variable Y queda determinada por:

$$P(Y = 3) = P(X^2 + 3 = 3) = P(X^2 = 0) = P(X = 0) = \frac{1}{5}$$

$$P(Y = 4) = P(X^2 + 3 = 4) = P(X^2 = 1) = P(X = -1) + P(X = 1) = \frac{1}{6} + \frac{1}{15} = \frac{7}{30}$$

$$P(Y = 7) = P(X^2 + 3 = 7) = P(X^2 = 4) = P(X = -2) + P(X = 2) = \frac{1}{5} + \frac{11}{30} = \frac{17}{30}$$

Sabiendo que los puntos de masa de la variable aleatoria X son $\{-2, -1, 0, 1, 2\}$ y que $Y = X + 2$, entonces los puntos de masa de la variable aleatoria Y son $\{0, 1, 2, 3, 4\}$. La función de masa de la variable Y queda determinada por

$$P(Y = 0) = P(X + 2 = 0) = P(X = -2) = \frac{1}{5}$$

$$P(Y = 1) = P(X + 2 = 1) = P(X = -1) = \frac{1}{6}$$

$$P(Y = 2) = P(X + 2 = 2) = P(X = 0) = \frac{1}{5}$$

$$P(Y = 3) = P(X + 2 = 3) = P(X = 1) = \frac{1}{15}$$

$$P(Y = 4) = P(X + 2 = 4) = P(X = 2) = \frac{11}{30}$$

Ejercicio R. 2.4

Sea X una variable aleatoria continua, cuya función de densidad viene dada por

$$f_X(x) - \begin{cases} 3x^2 & si\ 0 < x < 1 \\ 0 & en\ otro\ caso \end{cases}$$

Sea $Y = 2 - X^2$ una transformación de la variable aleatoria X. Se pide:

1. Calcular la función de densidad de la variable aleatoria Y.

2. Calcular la función de distribución de la variable aleatoria Y.

Solución:

1. En primer lugar, comprobamos si la transformación asociada a Y es derivable y estrictamente monótona cuando X toma valores en el intervalo $(0, 1)$.

La transformación asociada a Y es $2 - X^2$, cuya derivada es $\frac{d}{dx}(2 - x^2) = 0 - 2x = -2x$. La derivada es siempre negativa en el intervalo $(0, 1)$, lo cual indica que la transformación $Y = 2 - X^2$ es estrictamente decreciente en este intervalo (ver la Figura 1.9).

Como la transformación asociada a la Y es derivable y estrictamente monótona cuando X toma valores en el intervalo $(0, 1)$, se puede calcular la función de densidad de la variable aleatoria Y mediante la fórmula siguiente:

$$f_Y(y) = f_X(h^{-1}(y)) \left| \frac{\partial}{\partial_y} (h^{-1}(y)) \right|$$

donde $h^{-1}(y)$ es la función inversa de la transformación $Y = 2 - X^2$.

Resolvamos para X en términos de Y: $X^2 = 2 - Y \rightarrow X = \pm\sqrt{2 - Y}$.

Considerando que $0 < x < 1$, entonces $h^{-1}(y) = \sqrt{2 - y} = (2 - y)^{\frac{1}{2}} \; \forall y \in (1, 2)$.

Se calcula la derivada de $h^{-1}(y) = (2 - y)^{\frac{1}{2}}$ con respecto a y como:

$$\frac{\partial}{\partial_y}\left((2 - y)^{\frac{1}{2}}\right) = \frac{1}{2}(2 - y)^{\frac{1}{2}-1} \cdot (2 - y)' = \frac{1}{2}(2 - y)^{-\frac{1}{2}} \cdot (-1) =$$

$$-\frac{1}{2}(2 - y)^{-\frac{1}{2}} = -\frac{1}{2\sqrt{2-y}}$$

Entonces, $f_Y(y) = f_X\left(h^{-1}(y)\right) \left| \frac{\partial}{\partial_y}(h^{-1}(y)) \right| = f_X\left((2 - y)^{\frac{1}{2}}\right)\left| \frac{\partial}{\partial_y}\left((2 - y)^{\frac{1}{2}}\right) \right| =$

$$= 3 \cdot \left((2 - y)^{\frac{1}{2}}\right)^2 \left| -\frac{1}{2\sqrt{2-y}} \right| = 3(2 - y) \cdot \frac{1}{2\sqrt{2-y}} = \frac{3(2-y)}{2\sqrt{2-y}} = \frac{3}{2}\sqrt{2 - y} \; \forall y \in (1, 2)$$

La función de densidad de la variable aleatoria Y viene dada por:

$$f_Y(y) = \begin{cases} \dfrac{3}{2}\sqrt{2 - y} & si \; 1 < y < 2 \\ 0 & en \; otro \; caso \end{cases}$$

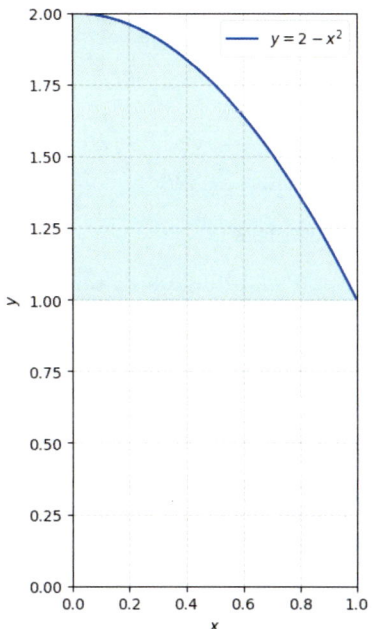

Figura 1.9. $Y=2-X^2$ (Ejercicio R. 2.4).

2. Se sabe que $F_Y(y) = \int_{-\infty}^{y} f_Y(y)dy \quad \forall y \in \mathbb{R} \Rightarrow$

Si $y \leq 1$, $F_Y(y) = \int_{-\infty}^{1} 0 dy = 0$

Si $1 < y < 2$, $F_Y(y) = \int_{-\infty}^{y} f_Y(y)dy = \int_{-\infty}^{1} 0 dy + \frac{3}{2}\int_{1}^{y} \sqrt{2-y}\, dy =$

$\frac{3}{2}\left[-\frac{(2-y)^{\frac{1}{2}+1}}{\frac{1}{2}+1} \right]_{1}^{y} = \frac{3}{2}\left[-\frac{2(2-y)^{\frac{3}{2}}}{3} \right]_{1}^{y} = \frac{3}{2}\left[-\frac{2}{3}\left((2-y)^{\frac{3}{2}} - (2-1)^{\frac{3}{2}} \right) \right] = 1 -$

$(2-y)^{\frac{3}{2}}$

Si $y \geq 2$, $F_Y(y) = 1$

Así, la función de distribución es:

$$F_Y(y) = \begin{cases} 0 & si \ y \leq 1 \\ 1 - (2-y)^{\frac{3}{2}} & si \ 1 < y < 2 \\ 1 & si \ y \geq 2 \end{cases}$$

Ejercicios propuestos

Ejercicio P. 2.1

Lanzamos tres monedas al aire. Sea X la variable aleatoria que representa el número de caras obtenidas en el lanzamiento. Se pide:

1. Determinar la variable aleatoria X.
2. Calcular su función de masa y su función de distribución.
3. Calcular la probabilidad de que X sea mayor que 1.

Ejercicio P. 2.2

Sea X una variable aleatoria continua con función de densidad $f_X(x) = \text{ke}^{-|x|}$ si $x \in \mathbb{R}$. Se pide:

1. Calcular k para que $f_X(x)$ sea una función de densidad.
2. Calcular la función de distribución $F_X(x)$.
3. Calcular la probabilidad de que X sea menor que 0.
4. Si se sabe que la variable ha tomado un valor superior a 0, ¿cuál es la probabilidad de que tome un valor menor que 2?

Ejercicio P. 2.3

Considerando una variable aleatoria con una función de densidad $f_X(x) = k$ si $0 < x < 2$, determina su función de distribución y las distribuciones correspondientes para las siguientes transformaciones:

$$Y = -2lnX$$
$$Y = +X^{\frac{1}{4}}$$

Ejercicio P. 2.4

Un vendedor de vinagre tiene una demanda semanal Y distribuida con la siguiente función de densidad:

$$f_Y(y) = \begin{cases} \dfrac{y}{10000} & si\ 0 \le y \le 100 \\ \dfrac{1}{100} & si\ 100 < y < 150 \\ 0 & en\ otro\ caso \end{cases}$$

En una ocasión, decide adquirir 60 litros de vinagre. Por cada litro vendido, obtiene una ganancia de 5€, mientras que, por cada litro no vendido, pierde 2€. ¿Cuál es la distribución de la variable que representa la ganancia obtenida esa semana?

Ejercicio P. 2.5

Se considera el espacio muestral $N = \{1, 2, 3, \ldots\}$ y se define la probabilidad de los sucesos elementales por $P(n) = \frac{q}{5^n}$ con $n \in N$ y $q \in R$. Determínese el valor de q para que P sea una probabilidad y hállese la probabilidad del suceso $A = \{n \in N: n$ es impar$\}$.

Ejercicio P. 2.6

Una variable aleatoria tiene la siguiente función de probabilidad:

X	1	2	3	4	5
$P(X)$	0.10	0.20	0.05	0.40	0.25

Se pide:

1. Comprobar que es una función de probabilidad.
2. Calcular $P(X \leq 3)$.
3. Calcular $P(X > 2)$.
4. $P(X = 1$ o $X = 3$ o $X = 5)$.
5. Representar la función de distribución $F_X(x)$.

Ejercicio P. 2.7

Sea X variable aleatoria cuya distribución de probabilidad viene dada por:
$$P(X = r) = \frac{3}{2} \frac{1}{r!(4-r)!} \text{ para } r = 0, 1, 2, 3, 4$$

Se pide:

Hallar $P(X = 3)$; $P(1 \leq X \leq 2.5)$ y $P(X \leq 2.5)$.

Ejercicio P. 2.8

Los artículos en venta en unos grandes almacenes se someten al control diario y, se estima que la probabilidad de que en un día sean vendidos r artículos defectuosos es $\frac{2}{3}\left(\frac{1}{3}\right)^r$. Determinar la probabilidad de que en un día de los artículos vendidos:

1. Dos o más sean defectuosos.

2. Cinco sean defectuosos.

3. Tres o menos sean defectuosos.

Ejercicio P. 2.9

Sea $Y = 100X$ la variable porcentaje de alcohol, donde X tiene una función de densidad $f_X(x) = 20x^3(1 - x)$ si $0 < x < 1$. Se pide:

1. Determinar la función de densidad y de distribución de Y.

2. Calcular $P(X < 2/3)$.

Ejercicio P. 2.10

Sea X una variable aleatoria continua que representa el tiempo en horas que un estudiante dedica a estudiar para un examen final. Su función de densidad está dada por:

$$f_X(x) = \begin{cases} \dfrac{1}{10} & si\ 0 < x < 10 \\ 0 & en\ otro\ caso \end{cases}$$

Calcule la probabilidad de que el estudiante estudie entre 3 y 5 horas.

2.7. Evaluación

Todos los estudiantes del Grado en Estadística Aplicada y del Grado en Ciencia de los Datos Aplicada de la UCM, matriculados en la asignatura de Azar y Probabilidad, tienen acceso al Campus Virtual para responder una serie de preguntas seleccionadas aleatoriamente del banco de preguntas, con el fin de obtener la calificación de la evaluación continua.

Este manual está disponible en el repositorio de la UCM, por lo que se ha dispuesto una autoevaluación para cualquier persona interesada en la asignatura, utilizando el mismo banco de preguntas del Campus Virtual, accesible en Google Forms a través del siguiente enlace: https://forms.gle/nfsLWAiVR7eqwb9L9.

Tema 3. Características de las variables aleatorias unidimensionales

En este tema se presentan diversas características numéricas de las variables aleatorias. Estos parámetros, que definen la distribución de la variable, son esenciales tanto para su descripción como para el desarrollo de la inferencia estadística. Las características de una variable aleatoria se dividen en tres tipos de medidas: medidas de centralización, dispersión y forma. Además, en este tema se estudian la función generatriz de momentos, los momentos de una variable aleatoria y el teorema de Tchebycheff, los cuales son herramientas clave para determinar cotas de probabilidad.

3.1. Medidas de centralización

Las medidas de centralización o de tendencia centrales más utilizadas son la moda, la mediana y la esperanza matemática, cada una con propiedades y aplicaciones específicas. La forma de calcular las medidas de centralización varía según el tipo de variable aleatoria que se esté analizando, ya sea discreta o continua. Para una variable aleatoria discreta, estas medidas se calculan utilizando la función de masa de probabilidad, mientras que, para una variable aleatoria continua, se emplea la función de densidad. Debido a estas diferencias en los cálculos de las características de las variables, se estudiarán por separado adaptándose al tipo de variable que se esté considerando.

Moda

La moda de una variable aleatoria X, que se denota como $Mo\ (X)$, se refiere al valor o valores más frecuentes de dicha variable aleatoria X. Es decir, el valor de la variable aleatoria X con mayor probabilidad de ocurrir en el caso de las variables aleatorias discretas y el valor con mayor densidad de población en el caso de las continuas. El cálculo de la moda depende del tipo de variable aleatoria:

https://dx.doi.org/10.5209/docm.004.03
Jugando con el azar: fundamentos para la estadística aplicada y la ciencia de datos. María Ángeles Medina Sánchez, Ziwei Shu, Rosario Susi García y Rosa Espínola Vílchez. © Ediciones Complutense, 2025.

- Variable aleatoria discreta

  Sea X una variable aleatoria discreta con puntos de masa $\{x_i\}$ y funciones de masa asociadas $p_i = P(X = x_i)$, donde $i \in \mathbb{N}$. Se define la moda $Mo\ (X)$ como el valor de la variable aleatoria X que maximiza la función de masa, tal que:

  $$P\big(X = Mo\ (X)\big) \geq P(X = x_i) \qquad \forall i \in \mathbb{N}$$

- Variable aleatoria continua

  Sea X una variable aleatoria continua con función de densidad $f_X(x)$. Se define la moda $Mo\ (X)$ de la variable aleatoria X como el valor de la variable aleatoria X que se corresponda con el máximo relativo de la función de densidad $f_X(x)$ que coincida con el máximo global. Entonces, $Mo\ (X) = \left\{ x \mid \frac{\partial}{\partial x} f_X(x) = 0; \frac{\partial^2}{\partial x^2} f_X(x) < 0 \right\}$ cuando ni $f(min\{x\})$ ni $f(max\{x\})$ son máximos globales. Si $\nexists x \mid \frac{\partial}{\partial x} f_X(x) = 0$, y $\frac{\partial^2}{\partial x^2} f_X(x) < 0$, la $Mo\ (X)$ dependerá de la forma que tenga la $f_X(x)$:

  1) Si $f_X(x)$ es decreciente, $Mo\ (X) = min\{x\}$, el máximo de $f_X(x)$ se alcanza en el extremo inferior del intervalo.

  2) Si $f_X(x)$ es creciente, $Mo\ (X) = max\{x\}$, el máximo de $f_X(x)$ se alcanza en el extremo superior del intervalo.

  3) Si no es monótona, la moda puede no ser única y no hay regla fija para su cálculo.

Ejemplo 3.1

Sea X una variable aleatoria discreta con puntos de masa $\{0, 1, 2, 3\}$ y función de masa $P(X = 0) = 0.1; P(X = 1) = 0.2; P(X = 2) = 0.5$ y $P(X = 3) = 0.2$. Calcular la moda de dicha variable aleatoria.

El valor más frecuente de la variable aleatoria X es el correspondiente a $X = 2$, con probabilidad 0.5, $P(X = 2) = 0.5$, que maximiza la función de masa. Entonces, $Mo\ (X) = 2$.

Ejemplo 3.2

Sea X una variable aleatoria continua con función de densidad:

$$f_X(x) = \begin{cases} 4e^{-4x} & \text{si} \quad x \geq 0 \\ 0 & \text{en otro caso} \end{cases} \quad 0$$

Calcular su moda.

Si $x \geq 0$, $f_X(x) = 4e^{-4x} \rightarrow \frac{\partial}{\partial x} f_X(x) = 4 \cdot (-4) \cdot e^{-4x} = -16e^{-4x} < 0$, la función de densidad es estrictamente decreciente:

$$\rightarrow \nexists x \mid \frac{\partial}{\partial x} f_X(x) = 0$$
$$\rightarrow Mo\ (X) = min\{x\} = 0$$

Esperanza matemática

La *esperanza matemática* se interpreta como el valor medio de la distribución teórica de probabilidades del fenómeno estudiado, es decir, el valor hacia el que tiende la media aritmética, si se tiene un número suficientemente grande de observaciones.

Por tanto, la esperanza matemática está acotada entre el mínimo y el máximo de los valores que toma la variable aleatoria y representa el punto de equilibrio o centro de gravedad de una distribución de probabilidad. En algunos casos la esperanza matemática puede no existir.

La esperanza matemática se denota como $E[X]$ o μ.

La forma de calcular la esperanza matemática depende del tipo de variable aleatoria que se considere:

- Variable aleatoria discreta

  Sea X una variable aleatoria discreta con puntos de masa $\{x_i\}$ y funciones de masa asociadas $p_i = P(X = x_i)$, donde $i \in \mathbb{N}$. Se define la esperanza matemática de la variable aleatoria X como:

  $$E[X] = \sum_{i=1}^{\infty} x_i P(X = x_i) = \sum_{i=1}^{\infty} x_i p_i$$

  Si el dominio de la variable aleatoria X está formado por un conjunto infinito numerable, la esperanza matemática es una serie infinita que puede ser convergente o divergente. En este caso, la esperanza matemática de la variable aleatoria X existe si la serie que se presenta a continuación es convergente.

$$\sum_{i=1}^{\infty} |x_i| p_i < \infty$$

Si el domino de la variable aleatoria X es finito, la esperanza matemática existe siempre, ya que se obtiene como la suma de un número finito de valores.

Para el caso discreto, la esperanza matemática no tiene por qué ser uno de los puntos de masa de la variable aleatoria X, ya que representa un valor medio de la distribución de probabilidad de X.

El caso particular de una variable discreta es aquel en el que todos los puntos de masa $\{x_1, .., x_N\}$ tienen la misma probabilidad, $P(X = x_i) = \frac{1}{N}$, la esperanza matemática de X coincide con la media aritmética, tal que:

$$E[X] = \sum_{i=1}^{N} x_i P(X = x_i) = \frac{1}{N} \sum_{i=1}^{N} x_i = \bar{x}$$

- Variable aleatoria continua

Sea X una variable aleatoria continua con función de densidad $f_X(x)$. Se define la esperanza matemática de X como:

$$E[X] = \int_{-\infty}^{\infty} x \, f_X(x) dx$$

Para que exista la esperanza matemática de una variable aleatoria continua, es necesario cumplir que la integral que se muestra a continuación sea convergente, es decir:

$$\int_{-\infty}^{\infty} |x| \, f_X(x) dx < \infty$$

Si X es una variable aleatoria acotada, de forma que $P(a \leq X \leq b) = 1$, la esperanza matemática de X existe siempre.

Sea X una variable aleatoria con función de densidad simétrica respecto a un cierto valor $c \in \mathbb{R}$, entonces si existe $E[X]$, se verifica que $E[X] = c$.

A continuación, se presentan algunas de las **propiedades** de la esperanza matemática:

1. Sea $Y = h(X)$ una transformación de la variable aleatoria X. Se define la esperanza matemática de dicha transformación como:

- Variable aleatoria discreta

$$E[Y] = E[h(X)] = \sum_{i=1}^{\infty} h(x_i)P(X = x_i) = \sum_{i-1}^{\infty} h(x_i)p_i$$

- Variable aleatoria continua

$$E[Y] = E[h(X)] = \int_{-\infty}^{\infty} h(x)f_X(x)dx$$

2. Para la transformación lineal de la variable aleatoria X, dada por $Y = aX + b$, con $a, b \in \mathbb{R}$, la esperanza matemática de Y se define como:

$$E[Y] = E[aX + b] = aE[X] + b$$

Nótese que la esperanza de una constante es igual a la misma constante, es decir, $E[b] = b$, con $b \in \mathbb{R}$.

3. Esta propiedad surge como generalización de la propiedad anterior. Sea $Y = \sum_{i=0}^{n} a_i x_i$ donde $x_0 = 1$ (variable aleatoria degenerada en el 1). La esperanza matemática de Y viene dada por:

$$E[Y] = E\left[\sum_{i=0}^{n} a_i x_i\right] = \sum_{i=0}^{n} a_i E[X_i] = a_0 + \sum_{i=1}^{n} a_i E[X_i]$$

4. Si la variable aleatoria X está acotada entre los valores a y b con, tal que $P(a \leq X \leq b) = 1$, la esperanza matemática de la variable aleatoria X también está acotada entre dichos valores, $a \leq E[X] \leq b$.

5. Sean $X_1, \ldots, X_n$ variable aleatoria independientes tales que $\forall i = 1, .., n$ $\exists E[X_i]$. Entonces,

$$E\left[\prod_{i=1}^{n} X_i\right] = \prod_{i=1}^{n} E[X_i]$$

Ejemplo 3.3

Considere la variable aleatoria descrita en el Ejemplo 3.1 y calcule su esperanza matemática.

$$E[X] = \sum_{i=1}^{4} x_i P(X = x_i) = 0 \cdot 0.1 + 1 \cdot 0.2 + 2 \cdot 0.5 + 3 \cdot 0.2 = 1.8$$

Ejemplo 3.4

Considere la variable aleatoria descrita en el Ejemplo 3.2 y calcule su esperanza matemática.

La esperanza matemática se calcula como:

$$E[X] = \int_{-\infty}^{\infty} x\, f_X(x) dx = \int_0^{\infty} x \cdot 4e^{-4x} dx$$

$$= [x \cdot (-e^{-4x})]_0^{\infty} - \int_0^{\infty} 1 \cdot (-e^{-4x}) dx =$$

$$= [-x \cdot e^{-4x}]_0^{\infty} + \int_0^{\infty} e^{-4x}\, dx = 0 + \left[-\frac{1}{4} \cdot e^{-4x}\right]_0^{\infty} = -\frac{1}{4} \cdot (0-1) = \frac{1}{4}$$

Ejemplo 3.5

En el juego de la Porra, se emiten 10.000 números (del 0000 al 9999). Suponemos que elegimos un único número por 15 €. Si nuestro número es el ganador, obtendremos un premio de 50.000 €. Calcule la esperanza matemática de la ganancia neta.

Se sabe que para elegir un número tenemos que pagar 15€, lo que da lugar a dos situaciones de beneficios:

1) Si ganamos, su ganancia neta será 50000€-15€=49985€.

2) Si no, su ganancia neta será 0€-15€=-15€.

Por lo tanto, $X \rightarrow \{-15, 49985\}$, y la función de masa es $P(X = -15) = \frac{9999}{10000}$; y $P(X = 49985) = \frac{1}{10000}$

La esperanza matemática de la ganancia neta se calcula como:

$$E[X] = -15 \cdot \frac{9999}{10000} + 49985 \cdot \frac{1}{10000} = -10€$$

3.2. Medidas de posición: cuantiles

Sea X una variable aleatoria con función de distribución $F_X(x)$. El *cuantil de orden p*, denotado como $C_p(X)$, es el valor de la variable aleatoria tal que la función de distribución en dicho punto es igual a p.

Como casos particulares de los cuantiles se pueden encontrar los cuartiles $(Q_i(X), i = 1, 2, 3)$, los deciles $(D_i(X), i = 1, 2, \ldots, 9)$ y los percentiles $(P_i, i = 1, \ldots, 99)$:

1. Para el caso de los **cuartiles**, $F_X(x)$ se divide en cuatro partes iguales, siendo el primer cuartil $Q_1(X) = C_{\frac{1}{4}}(X)$, el segundo cuartil, también denominado *mediana*, $Q_2(X) = C_{\frac{1}{2}}(X)$ y el tercer cuartil $Q_3(X) = C_{\frac{3}{4}}(X)$.

2. Para los **deciles**, la función de distribución se divide en diez partes iguales, tales que $D_1(X) = C_{\frac{1}{10}}(X)$, $D_2(X) - C_{\frac{2}{10}}(X), \ldots, D_9(X) = C_{\frac{9}{10}}(X)$.

3. Para los **percentiles**, la $F_X(x)$ está dividida en cien partes iguales, siendo $P_1(X) = C_{\frac{1}{100}}(X)$, $P_2(X) = C_{\frac{2}{100}}(X), \ldots, P_{99}(X) = C_{\frac{99}{100}}(X)$.

La forma de calcular los cuantiles depende del tipo de variable aleatoria que se considere:

- Variable aleatoria discreta

  Sea X una variable aleatoria discreta con función de distribución $F_X(x)$. Se denomina cuantil de orden p de la variable aleatoria X, con $p \in (0,1)$, al valor $C_p(X)$ que satisface:

  $$F(C_p) = P(X \le C_p) \ge p \qquad y \qquad P(X \ge C_p) \ge 1 - p$$

  Representando gráficamente $F_X(x)$ se observa como dependiendo del valor de p el cuantil vendrá determinado de un modo u otro. Esto se puede comprobar en las Figuras 1.10 y 1.11.

  Si el valor de p coincide con un valor de la función de distribución, entonces el cuantil es todo el intervalo semiabierto $[\![x]\!]\_i, x\_(i+1))$. En la Figura 1.10 el cuantil de orden p es el intervalo de $[x\_3, x\_4)$.

  Si el valor de p no coincide con un valor de la función de distribución, entonces el cuantil es el primer punto de masa cuya probabilidad acumulada supere el valor p. En la Figura 1.11 el cuantil de orden p es de x_3.

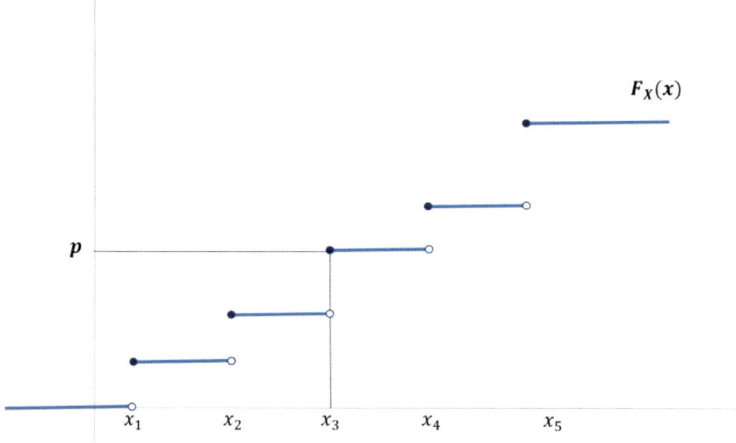

Figura 1.10. Cuantil de orden p dado por $[x_3, x_4)$.

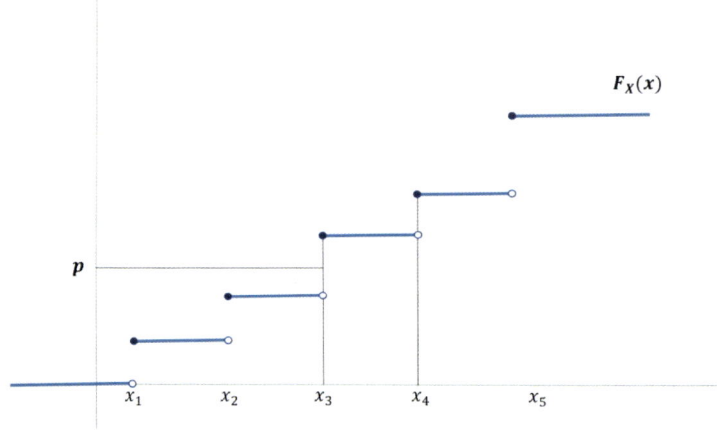

Figura 1.11. Cuantil de orden p dado por x_3.

- Variable aleatoria continua

Sea X una variable aleatoria continua con función de distribución $F_X(x)$. Se define el cuantil de orden p de la variable aleatoria X, con $p \in (0,1)$, como el valor $C_p(X)$ que satisface:

$$F(C_p) = P(X \leq C_p) = p$$

Representando la función de distribución $F_X(x)$ de una variable aleatoria X, el cuantil de orden p viene dado por el valor de la variable aleatoria para el que se acumula la probabilidad p (ver Figura 1.12).

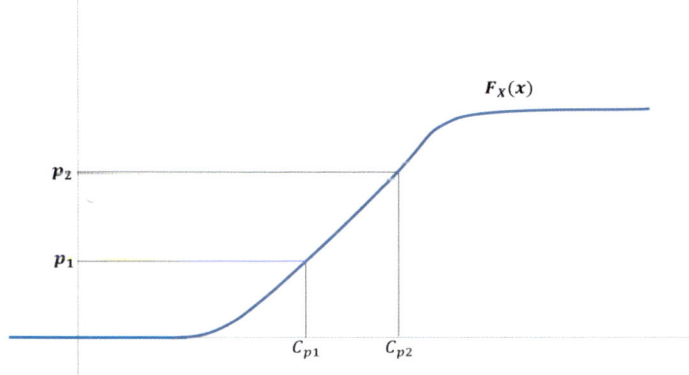

Figura 1.12. Cuantiles de una variable aleatoria X continua.

Ejemplo 3.6

Considere la variable aleatoria descrita en el Ejemplo 3.1 y calcule los cuantiles de orden $p = \frac{1}{5}$ y $p = \frac{3}{4}$.

Se sabe que, en el Ejemplo 3.1, $P(X = 0) = 0.1$; $P(X = 1) = 0.2$; $P(X = 2) = 0.5$ y $P(X = 3) = 0.2$. Entonces, la función de distribución $F_X(x)$ es:

$$F_X(x) = \begin{cases} 0 & si & x < 0 \\ 0.1 & si & 0 \le x < 1 \\ 0.3 & si & 1 \le x < 2 \\ 0.8 & si & 2 < x < 3 \\ 1 & si & x \ge 3 \end{cases}$$

Para encontrar los cuantiles se ha de tener en cuenta que:

$$F(C_p) = P(X \le C_p) \ge p \qquad y \qquad P(X \ge C_p) \ge 1 - p$$

Por tanto, $C_{\frac{1}{5}} = 1$ y $C_{\frac{3}{4}} = 2$

Ejemplo 3.7

Sea X una variable aleatoria continua con función de densidad tal que:

$$f_X(x) = \begin{cases} \dfrac{8}{7x^2} & \text{si} \quad 1 \leq x \leq 8 \\ 0 & \text{en} \quad \text{otro caso} \end{cases}$$

Calcular el primer (Q_1) y el tercer cuartil (Q_3), el decil 7 (D_7), y el percentil 85 (P_{85}).

Para el cálculo de los cuantiles especificados se ha de verificar la siguiente expresión:

$$F(C_p) = P(X \leq C_p) = p$$

Por tanto,

$$F(Q_1) = \frac{1}{4} \Rightarrow F(Q_1) = \int_{-\infty}^{Q_1} f_X(x)dx = \int_1^{Q_1} \frac{8}{7x^2} dx = \left[\frac{-8}{7x}\right]_1^{Q_1} = \frac{-8}{7}\left[\frac{1}{Q_1} - 1\right] = \frac{1}{4}$$

$$\Rightarrow Q_1 = 1.28$$

$$F(Q_3) = \frac{3}{4} \Rightarrow F(Q_3) = \int_{-\infty}^{Q_3} f_X(x)dx = \int_1^{Q_3} \frac{8}{7x^2} dx = \left[\frac{-8}{7x}\right]_1^{Q_3} = \frac{-8}{7}\left[\frac{1}{Q_3} - 1\right] = \frac{3}{4}$$

$$\Rightarrow Q_3 = 2.91$$

$$F(D_7) = \frac{7}{10} \Rightarrow F(D_7) = \int_{-\infty}^{D_7} f_X(x)dx = \int_1^{D_7} \frac{8}{7x^2} dx = \left[\frac{-8}{7x}\right]_1^{D_7} = \frac{-8}{7}\left[\frac{1}{D_7} - 1\right] = \frac{7}{10}$$

$$\Rightarrow D_7 = 2.58$$

$$F4 = \frac{85}{100} \Rightarrow F(P_{85}) = \int_{-\infty}^{P_{85}} f_X(x)dx = \int_1^{P_{85}} \frac{8}{7x^2} dx = \left[\frac{-8}{7x}\right]_1^{P_{85}} = \frac{-8}{7}\left[\frac{1}{P_{85}} - 1\right] = \frac{85}{100}$$

$$\Rightarrow P_{85} = 3.9$$

Mediana

Sea X una variable aleatoria con función de distribución $F_X(x)$. Se define la *mediana* de la variable aleatoria X como el valor de la variable aleatoria tal que la probabilidad a la izquierda de ese valor coincide con la probabilidad a la derecha de dicho valor, y es igual a $\frac{1}{2}$. Por tanto, la mediana es el cuantil de orden $\frac{1}{2}$ y se denota como $Me(X)$, tal que:

$$Me(X) = C_{\frac{1}{2}}(X) = Q_2(X) = D_5(X) = P_{50}(X)$$

Además, la mediana es una medida de centralización que existe siempre y es muy importante, sobre todo si la esperanza matemática no existe o no es representativa. El cálculo de la mediana depende del tipo de variable aleatoria que se considere:

- Variable aleatoria discreta

Sea X una variable aleatoria discreta con función de distribución $F_X(x)$. Se define la mediana de la variable aleatoria X como el valor que cumple:

$$F(Me) = P(X \leq Me) \geq \frac{1}{2} \quad y \quad P(X \geq Me) \geq \frac{1}{2}$$

Es importante tener en cuenta que, en el caso discreto, la mediana no necesariamente es un valor único.

- Variable aleatoria continua

Sea X una variable aleatoria continua con función de distribución $F_X(x)$. Se define la mediana de la variable aleatoria X como el valor Me para el que la función de distribución acumula exactamente la mitad de la probabilidad, tal que:

$$F(Me) = P(X \leq Me) = \frac{1}{2}$$

Ejemplo 3.8

Considere la variable aleatoria descrita en el Ejemplo 3.1 y calcule su mediana.

La mediana ha de verificar: $F(Me) = P(X \leq Me) \geq \frac{1}{2}$ y $P(X \geq Me) \geq \frac{1}{2}$
Por tanto, la mediana es 2, $Me(X) = 2$.

Ejemplo 3.9

Considere la variable aleatoria descrita en el Ejemplo 3.7 y calcule su mediana.

$$F(Me) = \int_{-\infty}^{Me} f_X(x)dx = \int_1^{Me} \frac{8}{7x^2} dx = \left[\frac{-8}{7x}\right]_1^{Me} = \frac{-8}{7}\left[\frac{1}{Me} - 1\right] = \frac{1}{2}$$

Por tanto, $Me(X) = 1.78$.

3.3. Medidas de dispersión

Las medidas de dispersión, como la varianza, la desviación típica y el rango, son herramientas estadísticas que nos ayudan a entender la distribución y la variabilidad de un conjunto de datos. Estas medidas indican la mayor o menor variabilidad de los valores de una variable aleatoria. En algunas de las medidas que se introducen en esta sección, como la varianza o la desviación típica, se mide la variabilidad de los valores de la variable aleatoria respecto de su esperanza. Además, en esta sección también se define el recorrido y el recorrido intercuartílico.

Varianza

Se define la *varianza* de una variable aleatoria X, como una medida cuadrática de la dispersión de los valores de la variable aleatoria X respecto a su esperanza $E[X]$. Es decir, la varianza es el valor esperado de la diferencia al cuadrado de cada uno de los valores de la variable aleatoria X y su valor medio. La varianza se denota como $V(X)$ o σ^2.

$$V(X) = E[(X - E[X])^2] = E[(X - \mu)^2]$$

El cálculo de la varianza depende del tipo de variable aleatoria que se considere:

- Variable aleatoria discreta

  Sea X una variable aleatoria discreta con puntos de masa $\{x_i\}$ $\forall\, i \in \mathbb{N}$ y función de masa $P(X = x_i)\,\forall i \in \mathbb{N}$. Se define la varianza de X como:

  $$V(X) = \sum_{i=1}^{\infty} (x_i - \mu)^2 P(X = x_i) = \sum_{i=1}^{\infty} (x_i - \mu)^2 p_i$$

  Si el conjunto de valores de la variable aleatoria X es finito, entonces la varianza se obtiene como una suma finita; si el conjunto es infinito numerable, se necesita la convergencia de la serie para que la varianza esté definida.

- Variable aleatoria continua

  Sea X una variable aleatoria continua con función de densidad $f_X(x)$. Se define la varianza de la variable aleatoria X como:

  $$V(X) = \int_{-\infty}^{\infty} (x - \mu)^2\, f_X(x) dx$$

  En el caso continuo, es necesaria la convergencia absoluta de la integral para que la varianza exista. Si los valores de la variable aleatoria X están concentrados alrededor de la esperanza de dicha variable aleatoria, entonces la varianza es pequeña. Por el contrario, cuando los valores de la variable aleatoria están dispersos respecto a la esperanza, entonces la varianza es grande.

A continuación, se presentan las **propiedades** de la varianza:

1. Sea X una variable aleatoria, su varianza también puede expresarse como:

$$V(X) = E[X^2] - E[X]^2$$

2. La varianza de una variable aleatoria X es nula si y solo si X es constante, siendo $P(X = c) = 1$:

$$V(X) = 0 \Leftrightarrow X = c \quad c \in \mathbb{R}$$

3. Sea Y una transformación lineal de la variable aleatoria X, tal que $Y = aX + b$, con $a, b \in \mathbb{R}$. Entonces la varianza de Y es tal que:

$$V(Y) = V(aX + b) = a^2 V(X)$$

Como consecuencia de esta propiedad se tiene que la varianza es invariante frente a los cambios de origen y además $V(-X) = V(X)$ siendo $a = -1$.

4. Sean $X_1, \ldots, X_n$ variables aleatorias independientes $\forall i = 1, \ldots, n$. Entonces,

$$V\left(\sum_{i=1}^{n} X_i\right) = \sum_{i=1}^{n} V(X_i)$$

Ejemplo 3.10

Considere la variable aleatoria descrita en el Ejemplo 3.1 y calcule su varianza.

$$E[X] = \sum_{i=1}^{4} x_i P(X = x_i) = 0 \cdot 0.1 + 1 \cdot 0.2 + 2 \cdot 0.5 + 3 \cdot 0.2 = 1.8 = \mu$$

$$V(X) = \sum_{i=1}^{4} (x_i - \mu)^2 P(X = x_i)$$

$$= (0 - 1.8)^2 \cdot 0.1 + (1 - 1.8)^2 \cdot 0.2 + (2 - 1.8)^2 \cdot 0.5 + (3 - 1.8)^2 \cdot 0.2$$

$$= \frac{19}{25} = 0.76 = \sigma^2$$

Por tanto, la varianza es 0.76.

Ejemplo 3.11

Sea X una variable aleatoria continua con función de densidad $f_X(x) = \begin{cases} 2x & si \quad 0 \leq x \leq 1 \\ 0 & en \quad otro \; caso \end{cases}$. Calcule la varianza de la variable aleatoria X.

$$E[X] = \int_0^1 x \, f_X(x) dx = \int_0^1 2\, x^2 dx = \frac{2}{3} = \mu$$

$$V(X) = \int_0^1 (x - \mu)^2 \, f_X(x) dx = \int_0^1 \left(x - \frac{2}{3}\right)^2 2x dx = \frac{1}{18} = \sigma^2$$

Por tanto, la varianza es $\frac{1}{18}$.

Desviación típica

Dado que la varianza es una suma de cuadrados, la unidad de medida de esta será el cuadrado de la unidad de medida en la que aparece expresada la variable aleatoria. Por tanto, es importante introducir otra medida de dispersión que se exprese en las mismas unidades que la variable aleatoria en estudio.

Sea X una variable aleatoria, se define la *desviación típica* de X como la raíz positiva de la varianza, siendo su unidad de medida la misma que la de la variable aleatoria X.

$$DT(X) = \sqrt{V(X)} = \sigma$$

En ocasiones, es necesario trabajar con una variable aleatoria centrada en el cero y con desviación típica 1. Esta nueva variable aleatoria Z se denomina *variable aleatoria tipificada* y se define tal que:

$$Z = \frac{X - \mu}{\sigma}$$

donde X es una variable aleatoria con esperanza μ y desviación típica σ.

En este caso, Z verifica que $E[Z] = 0$ y $DT(Z) = 1$ $(V(Z) = 1)$.

Ejemplo 3.12

Considere la variable aleatoria descrita en el Ejemplo 3.1 y calcule su desviación típica.

Como en el Ejemplo 3.10 ya se calculó la varianza de la variable aleatoria descrita en el Ejemplo 3.1, su desviación típica se obtiene de la siguiente manera:

$$\sigma = +\sqrt{V(X)} = +\sqrt{0.76} = \frac{\sqrt{19}}{5} \approx 0.87$$

Ejemplo 3.13

Considere la variable aleatoria descrita en el Ejemplo 3.11 y calcule su desviación típica.

Como en el Ejemplo 3.11 ya se calculó su varianza, su desviación típica se obtiene de la siguiente manera:

$$\sigma = +\sqrt{V(X)} = +\sqrt{\frac{1}{18}} = \frac{\sqrt{2}}{6} \approx 0.24$$

Recorrido y recorrido intercuartílico

Se define el *recorrido* de una variable aleatoria X como la diferencia entre el mayor y el menor valor que toma dicha variable aleatoria X, esto es:

$$R(X) = max\{X\} - min\{X\}$$

Esta medida presenta una gran inestabilidad ya que solo depende de los valores extremos de la variable aleatoria X.

Para evitar la inestabilidad que presenta el recorrido, se define el *recorrido intercuartílico* de una variable aleatoria X, como la diferencia entre el tercer cuartil y el primer cuartil, tal que:

$$RIQ(X) = Q_3(X) - Q_1(X) = C_{\frac{3}{4}}(X) - C_{\frac{1}{4}}(X)$$

Esta medida muestra el intervalo del 50% de los valores más centrados de la variable aleatoria X.

Ejemplo 3.14

Considere la variable aleatoria descrita en el Ejemplo 3.1 y calcule su recorrido y su recorrido intercuartílico.

Se sabe que, en el Ejemplo 3.1, $P(X = 0) = 0.1; P(X = 1) = 0.2; P(X = 2) = 0.5$ y $P(X = 3) = 0.2$. Entonces, la función de distribución $F_X(x)$ es:

$$F_X(x) = \begin{cases} 0 & si & x < 0 \\ 0.1 & si & 0 \le x < 1 \\ 0.3 & si & 1 \le x < 2 \\ 0.8 & si & 2 \le x < 3 \\ 1 & si & x \ge 3 \end{cases}$$

Por lo tanto, $R(X) = max\{X\} - min\{X\} = 3 - 0 = 3$

$$RIQ(X) = Q_3(X) - Q_1(X) = C_{\frac{3}{4}}(X) - C_{\frac{1}{4}}(X) = 2 - 1 = 1$$

3.4. Momentos

Algunas características de las variables aleatorias analizadas previamente, como la esperanza matemática y la varianza, son ejemplos específicos de los momentos. Los momentos se clasifican dependiendo del valor respecto del que se calculan: momentos respecto al origen y momentos respecto a la media.

Momentos respecto al origen

Dada una variable aleatoria X, se define el *momento respecto al origen de orden r*, $\forall r \in \mathbb{N}$, como:

$$\alpha_r = E[X^r]$$

Los momentos respecto al origen también se denominan *momentos no centrados*. El cálculo de los momentos respecto al origen depende del tipo de variable aleatoria que se considere:

- Variable aleatoria discreta

$$\alpha_r = E[X^r] = \sum_{i=1}^{\infty} x_i^r P(X = x_i) = \sum_{i=1}^{\infty} x_i^r p_i$$

- Variable aleatoria continua

$$\alpha_r = E[X^r] = \int_{-\infty}^{\infty} x^r f_X(x) dx$$

Como caso particular de los momentos respecto al origen, se observa que cuando $r = 1$ el momento respecto al origen de orden 1 es la *esperanza matemática* de la variable aleatoria X, tal que $\alpha_1 = E[X]$.

Si la variable aleatoria X está acotada, de forma que $\exists a, b \in \mathbb{R}: \quad P(a \leq X \leq b) = 1$, entonces existen todos los momentos respecto al origen de la variable aleatoria X.

Si la variable aleatoria X no está acotada, los momentos respecto al origen de orden r existen si $E[|X|^r] < +\infty$.

Además, si existe el momento respecto al origen de orden r, también existen todos los momentos respecto al origen de orden k, con $k \leq r$.

Ejemplo 3.15

Considere la variable aleatoria descrita en el Ejemplo 3.1 y calcule los momentos de orden 1 a 4 respecto al origen.

El momento respecto al origen de orden 1, es decir, la esperanza matemática de la variable aleatoria X, se calcula como:

$$\alpha_1 = E[X] = \sum_{i=1}^{4} x_i P(X = x_i) - 0 \cdot 0.1 + 1 \cdot 0.2 + 2 \cdot 0.5 + 3 \cdot 0.2 = 1.8$$

El momento respecto al origen de orden 2 se calcula como:

$$\alpha_2 = E[X^2] = \sum_{i=1}^{4} x_i^2 P(X = x_i) = 0^2 \cdot 0.1 + 1^2 \cdot 0.2 + 2^2 \cdot 0.5 + 3^2 \cdot 0.2 = 4$$

El momento respecto al origen de orden 3 se calcula como:

$$\alpha_3 = E[X^3] = \sum_{i=1}^{4} x_i^3 P(X = x_i) = 0^3 \cdot 0.1 + 1^3 \cdot 0.2 + 2^3 \cdot 0.5 + 3^3 \cdot 0.2 = 9.6$$

El momento respecto al origen de orden 4 se calcula como:

$$\alpha_4 = E[X^4] = \sum_{i=1}^{4} x_i^4 P(X = x_i) = 0^4 \cdot 0.1 + 1^4 \cdot 0.2 + 2^4 \cdot 0.5 + 3^4 \cdot 0.2 = 24.4$$

Ejemplo 3.16

Considere la variable aleatoria descrita en el Ejemplo 3.2 y calcule los momentos de orden 1 a 4 respecto al origen.

El momento respecto al origen de orden 1, es decir, la esperanza matemática de la variable aleatoria X, se calcula como:

$$\alpha_1 = E[X] = \int_0^\infty x \cdot 4e^{-4x} dx = [x \cdot (-e^{-4x})]_0^\infty - \int_0^\infty 1 \cdot (-e^{-4x}) dx =$$
$$= [-x \cdot e^{-4x}]_0^\infty + \int_0^\infty e^{-4x} dx = \left[-\frac{1}{4} \cdot e^{-4x}\right]_0^\infty = -\frac{1}{4} \cdot (0 - 1) = \frac{1}{4}$$

El momento respecto al origen de orden 2 se calcula como:

$$\alpha_2 = E[X^2] = \int_0^\infty x^2 \cdot 4e^{-4x} dx = -x^2 e^{-4x} - \int_0^\infty -e^{-4x} \cdot 2x dx =$$
$$= -x^2 e^{-4x} + \int_0^\infty 2x e^{-4x} dx = -x^2 e^{-4x} + 2x \cdot \left(-\frac{1}{4} e^{-4x}\right) - \int_0^\infty 2 \cdot$$
$$(-\frac{1}{4} e^{-4x}) dx = \left[-x^2 e^{-4x} - \frac{1}{2} x e^{-4x}\right]_0^\infty + \frac{1}{2} \int_0^\infty e^{-4x} dx = 0 + \frac{1}{2}\left[-\frac{1}{4} e^{-4x}\right]_0^\infty =$$
$$= -\frac{1}{8}(0 - e^0) = \frac{1}{8}$$

El momento respecto al origen de orden 3 se calcula como:

$$\alpha_3 = E[X^3] = \int_0^\infty x^3 \cdot 4e^{-4x} dx = -x^3 e^{-4x} - \int_0^\infty 3x^2 (-e^{-4x}) dx =$$
$$= -x^3 e^{-4x} + 3\int_0^\infty x^2 e^{-4x} dx = -x^3 e^{-4x} + \frac{3}{4}\int_0^\infty x^2 \cdot 4e^{-4x} dx =$$

$$= [-x^3 e^{-4x}]_0^\infty + \frac{3}{4} \cdot \alpha_2 = 0 + \frac{3}{4} \cdot \frac{1}{8} = \frac{3}{32}$$

El momento respecto al origen de orden 4 se calcula como:

$$\alpha_4 = E[X^4] = \int_0^\infty x^4 \cdot 4e^{-4x} dx = -x^4 e^{-4x} - \int_0^\infty 4x^3(-e^{-4x}) dx =$$

$$= -x^4 e^{-4x} + 4 \int_0^\infty x^3 e^{-4x} dx = -x^4 e^{-4x} + \frac{4}{4} \int_0^\infty x^3 \cdot 4e^{-4x} dx =$$

$$= [-x^4 e^{-4x}]_0^\infty + \alpha_3 = 0 + \frac{3}{32} = \frac{3}{32}$$

Momentos respecto a la media

Dada una variable aleatoria X, se define el momento respecto a la media de orden $r, \forall r \in \mathbb{N}$, como:

$$\mu_r = E[(X - \mu)^r]$$

siendo μ la esperanza matemática de la variable aleatoria X.

Los momentos respecto a la media de orden r también se denominan *momentos centrados*. El cálculo de los momentos respecto a la media depende del tipo de variable aleatoria que se considere:

- Variable aleatoria discreta

$$\mu_r = E[(X - \mu)^r] = \sum_{i=1}^{\infty} (x_i - \mu)^r P(X = x_i) = \sum_{i=1}^{\infty} (x_i - \mu)^r p_i$$

- Variable aleatoria continua

$$\mu_r = E[(X - \mu)^r] = \int_{-\infty}^{\infty} (x - \mu)^r f_X(x) dx$$

Como caso particular de los momentos respecto a la media de orden r, se observa que:

- Cuando $r = 1$, el momento respecto a la media de orden 1 es cero, ya que $\mu_1 = E[(X - \mu)] = E[X] - \mu = \mu - \mu = 0$.

- Cuando $r = 2$, el momento respecto de la media coincide con la varianza de la variable aleatoria X, tal que $\mu_2 = E[(X - \mu)^2] = \sigma^2$.

- Cuando la distribución (función de masa o función de densidad) de la variable aleatoria X es simétrica respecto a su media y existe el momento respecto a la media de orden r, siendo r un valor natural impar, entonces dicho momento es igual a cero, es decir, $\mu_r = E[(X - \mu)^r] = 0 \ \forall r \in \mathbb{N}$ *impar*.

Ejemplo 3.17

Considere la variable aleatoria descrita en el Ejemplo 3.1 y calcule los momentos de orden 1 a 4 respecto a la media.

El momento respecto a la media de orden 1 es cero, $\mu_1 = 0$.

El momento respecto a la media de orden 2 se calcula como:

$$\mu_2 = E[(X - \mu)^2] = \sum_{i=1}^{4} (x_i - \mu)^2 p_i =$$
$$= (0 - 1.8)^2 \cdot 0.1 + (1 - 1.8)^2 \cdot 0.2 + (2 - 1.8)^2 \cdot 0.5 + (3 - 1.8)^2 \cdot 0.2 =$$
$$0.76$$

El momento respecto a la media de orden 3 se calcula como:

$$\mu_3 = E[(X - \mu)^3] = \sum_{i=1}^{4} (x_i - \mu)^3 p_i =$$
$$= (0 - 1.8)^3 \cdot 0.1 + (1 - 1.8)^3 \cdot 0.2 + (2 - 1.8)^3 \cdot 0.5 + (3 - 1.8)^3 \cdot 0.2 =$$
$$-0.336$$

El momento respecto a la media de orden 4 se calcula como:

$$\mu_4 = E[(X - \mu)^4] = \sum_{i=1}^{4} (x_i - \mu)^4 p_i =$$
$$= (0 - 1.8)^4 \cdot 0.1 + (1 - 1.8)^4 \cdot 0.2 + (2 - 1.8)^4 \cdot 0.5 + (3 - 1.8)^4 \cdot 0.2 =$$
$$1.5472$$

Relaciones entre los momentos

Los momentos respecto al origen se pueden obtener mediante los momentos respecto a la media y viceversa. A continuación, se presenta la relación que existe entre los momentos respecto al origen y los momentos respecto a la media.

- $\alpha_r = E[X^r] = \sum_{i=0}^{r} \binom{r}{i} \mu_{r-i} \mu^i$

- Para obtener esta expresión se aplica el binomio de Newton, tal que:

- $\alpha_r = E[X^r] = E\left[((X - \mu) + \mu)^r\right] = E\left[\sum_{i=0}^{r} \binom{r}{i} (X - \mu)^{r-i} \mu^i\right] =$
$\sum_{i=0}^{r} \binom{r}{i} E[(X - \mu)^{r-i}] \mu^i = \sum_{i=0}^{r} \binom{r}{i} \mu_{r-i} \mu^i$

- $\mu_r = E[(X - \mu)^r] = \sum_{i=0}^{r} \binom{r}{i} (-1)^i \alpha_{r-i} \mu^i$

- Aplicando el binomio de Newton:

$$\mu_r = E[(X - \mu)^r] = E\left[\sum_{i=0}^{r} \binom{r}{i}(-1)^i(X)^{r-i}\mu^i\right] =$$

$$= \sum_{i=0}^{r} \binom{r}{i}(-1)^i E[X^{r-i}]\mu^i = \sum_{i=0}^{r} \binom{r}{i}(-1)^i \alpha_{r-i}\mu^i$$

Ejemplo 3.18

Considere la variable aleatoria descrita en el Ejemplo 3.2 y calcule los momentos de orden 1 a 4 respecto a la media.

El momento respecto a la media de orden 1 es cero, $\mu_1 = 0$.
El momento respecto a la media de orden 2 se calcula como:

$$\mu_2 = E[(X - \mu)^2] = \sum_{i=0}^{2} \binom{2}{i}(-1)^i \alpha_{2-i}\mu^i = \alpha_2 - \alpha_1{}^2 = \frac{1}{8} - \left(\frac{1}{4}\right)^2 = \frac{1}{16}$$

El momento respecto a la media de orden 3 se calcula como:

$$\mu_3 = E[(X - \mu)^3] = \sum_{i=0}^{3} \binom{3}{i}(-1)^i \alpha_{3-i}\mu^i = \alpha_3 - 3\alpha_1\alpha_2 + 2\alpha_1{}^3$$

$$= \frac{3}{32} - 3 \cdot \frac{1}{4} \cdot \frac{1}{8} + 2 \cdot \left(\frac{1}{4}\right)^3 = \frac{1}{32}$$

El momento respecto a la media de orden 4 se calcula como:

$$\mu_4 = E[(X - \mu)^4] = \sum_{i=0}^{4} \binom{4}{i}(-1)^i \alpha_{4-i}\mu^i = \alpha_4 - 4\alpha_1\alpha_3 + 6\alpha_1{}^2\alpha_2 - 3\alpha_1{}^4$$

$$= \frac{3}{32} - 4 \cdot \frac{1}{4} \cdot \frac{3}{32} + 6 \cdot \left(\frac{1}{4}\right)^2 \cdot \frac{1}{8} - 3 \cdot \left(\frac{1}{4}\right)^4 = \frac{9}{256}$$

Función generatriz de momentos

La *función generatriz de momentos* permite calcular de manera sencilla los momentos de una variable aleatoria X. Se define la función generatriz de momentos de una variable aleatoria X como la función $M_X : \mathbb{R} \to \mathbb{R}$ dada por:

$$\forall t \in \mathbb{R} \quad M_X(t) = E[e^{tX}]$$

También se puede escribir como:

$$M_X(t) = 1 + tE[X] + \frac{1}{2!}t^2 E[X^2] + \frac{1}{3!}t^3 E[X^3] \dots$$

El cálculo de la función generatriz de momentos depende del tipo de variable aleatoria que se considere:

- Variable aleatoria discreta

$$M_X(t) = E[e^{tX}] = \sum_{i=1}^{\infty} e^{tx_i} P(X = x_i) = \sum_{i=1}^{\infty} e^{tx_i} p_i$$

- Variable aleatoria continua

$$M_X(t) = E[e^{tX}] = \int_{-\infty}^{\infty} e^{tX} f_X(x)dx$$

La función generatriz de momentos $M_X(t)$ puede ser finita o infinita, porque e^{tX} es una función positiva para todo $t \in \mathbb{R}$.

A continuación, se presentan las **propiedades** de la función generatriz de momentos:

1. Si $t = 0 \Rightarrow M_X(t = 0) = E[e^0] = 1$. Por tanto, la función generatriz de momentos existe siempre que $t = 0$.

2. La función generatriz de momentos, en caso de existir, es siempre única y determina unívocamente a la distribución de probabilidad de la variable en estudio. Como consecuencia de esta propiedad se enuncia la siguiente propiedad.

3. Sean X e Y dos variables aleatorias con la misma función generatriz de momentos, $M_X(t) = M_Y(t)$. Entonces, la distribución de X e Y también es la misma.

4. Sea X una variable aleatoria y sea Y una transformación lineal de la variable aleatoria X dada por, $Y = aX + b$, con $a, b \in \mathbb{R}$, entonces la función generatriz de momentos de la variable aleatoria Y es tal que:

$$M_Y(t) = e^{tb} M_X(at)$$

5. Sean $X_1, \ldots, X_n$ variables aleatorias independientes y sea la variable aleatoria $S = \sum_{i=1}^{n} X_i$. La función generatriz de momentos la variable aleatoria S viene dada por:

$$M_S(t) = \prod_{i=1}^{n} M_{X_i}(t)$$

$$M_S(t) = E[e^{tS}] = E[e^{t(X_1 + \ldots + X_n)}] = E[e^{tX_1} e^{tX_2} \ldots e^{tX_n}] =$$

por ser variables aleatorias independientes la esperanza del producto es el producto de las esperanzas:

$$= E[e^{tX_1}]E[e^{tX_2}]\ldots E[e^{tX_n}] = \prod_{i=1}^{n} M_{X_i}(t)$$

Ejemplo 3.19

Considere la variable aleatoria descrita en el Ejemplo 3.2 y calcule la función generatriz de momentos.

$$M_X(t) = E[e^{tX}] = \int_{-\infty}^{\infty} e^{tX} f_X(x)dx = \int_{0}^{\infty} e^{tX} 4e^{-4x}dx = 4\int_{0}^{\infty} e^{(t-4)X} dx =$$

$$= 4\left[\frac{e^{(t-4)X}}{(t-4)}\right]_{0}^{\infty} = 4\left(0 - \frac{1}{t-4}\right) = \frac{4}{4-t} \quad si \ t < 4$$

Cálculo de los momentos a partir de la función generatriz de momentos

- Momentos respecto al origen

  Los momentos respecto al origen de orden r se obtienen mediante la derivada r-ésima de la función generatriz de momentos evaluada en el punto $t = 0$, tal que:

  $$\alpha_r = M_X^{(r)}(0) = \frac{\partial^r}{\partial t^r}\left(M_X(t)\right)|_{t=0}$$

- Momentos respecto a la media

  Para calcular los momentos respecto a la media de orden r, al igual que los momentos respecto al origen de orden r, es necesario derivar la función generatriz de momentos y evaluarla en el punto $t = 0$, además de multiplicar por $e^{-t\mu}$.

  $$\mu_r = e^{-t\mu}M_X^{(r)}(0) = \frac{\partial^r}{\partial t^r}\left(e^{-t\mu}M_X(t)\right)|_{t=0}$$

Ejemplo 3.20

Considere la variable aleatoria descrita en el Ejemplo 3.2 y calcule la esperanza y la varianza de la variable aleatoria X a partir de la función generatriz de momentos.

La función generatriz de momentos de la variable aleatoria descrita en el Ejemplo 3.2 es: $M_X(t) = \frac{4}{4-t}$ si $t < 4$.

$$E[X] = \alpha_1 = M_X^{(1)}(0) = \frac{\partial}{\partial t}(M_X(t))|_{t=0} = \frac{4}{(4-t)^2} = \frac{4}{(4-0)^2} = \frac{1}{4}$$

La varianza se puede obtener de dos formas: a través de la función generatriz de momentos, donde $\mu_r = e^{-t\mu} M_X^{(r)}(0)$, o bien a través de los momentos respecto al origen, tal que:

$$V(X) = E[X^2] - E^2[X] = \alpha_2 - \alpha_1^2$$
$$\alpha_2 = M_X^{(2)}(0) = \frac{\partial^2}{\partial t^2}(M_X(t))|_{t=0} = \frac{2 \cdot 4}{(4-t)^3} = \frac{8}{(4-0)^3} = \frac{1}{8}$$
$$\rightarrow V(X) = \alpha_2 - \alpha_1^2 = \frac{1}{8} - \left(\frac{1}{4}\right)^2 = \frac{1}{16}$$

3.5. Medidas de forma

Las medidas de forma, como la asimetría y la curtosis, son indicadores estadísticos que describen las características de la distribución de los datos en cuanto a su simetría y concentración de valores. Estas medidas indican, según la tipología de la distribución de la variable aleatoria de interés y de acuerdo con su representación gráfica, la forma de la función de masa o la función de densidad de dicha variable. Estas medidas hacen referencia a la asimetría y la curtosis de la función de densidad o de masa de la variable aleatoria.

Medida de asimetría

Una variable aleatoria X se dice que es simétrica cuando su función de masa o función de densidad lo es respecto al valor $X - E[X]$.

Sea X una variable aleatoria, se define el *índice de asimetría de Fisher* de X como el cociente entre el momento respecto a la media de orden 3 y la desviación típica elevada al cubo, es decir:

$$F_1 = \frac{\mu_3}{\sigma^3} = \frac{E[(X - \mu)^3]}{\sigma^3}$$

En función del signo del índice de simetría, F_1, se tiene que (ver Figura 1.13):

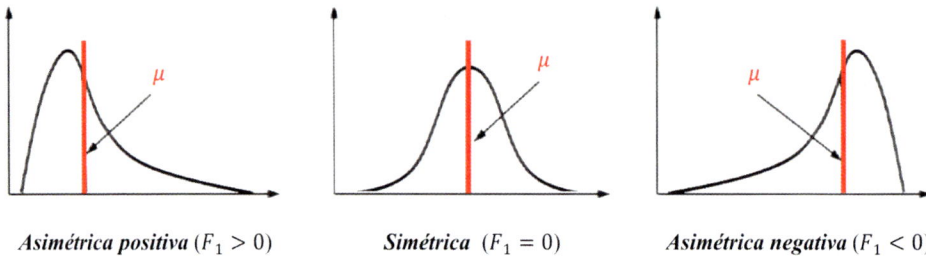

Asimétrica positiva $(F_1 > 0)$ **Simétrica** $(F_1 = 0)$ **Asimétrica negativa** $(F_1 < 0)$

Figura 1.13. Índice de simetría F_1.

- Si $F_1 > 0 \Rightarrow$ La función de densidad de la variable aleatoria X es *asimétrica positiva*. Por tanto, la probabilidad de que la variable aleatoria X tome valores a la *derecha* de la media es menor que la probabilidad de que los tome a la izquierda de esta.

- Si $F_1 = 0 \Rightarrow$ La función de densidad de la variable aleatoria X es *simétrica* respecto a su esperanza μ.

- Si $F_1 < 0 \Rightarrow$ La función de densidad de la variable aleatoria X es *asimétrica negativa*. Por tanto, la probabilidad de que la variable aleatoria X tome valores a la *izquierda* de la media es menor que la probabilidad de que los tome a la derecha de esta.

Medida de curtosis

La *medida de curtosis* refleja el grado de aplastamiento de una variable aleatoria X comparándola con la curva normal.

Se define el *índice de aplastamiento o curtosis* (F_2) de Fisher de una variable aleatoria X como:

$$F_2 = \frac{\mu_4}{\sigma^4} - 3 = \frac{E[(X - \mu)^4]}{\sigma^4} - 3$$

En función del signo de F_2 se tiene que (ver Figura 1.14):

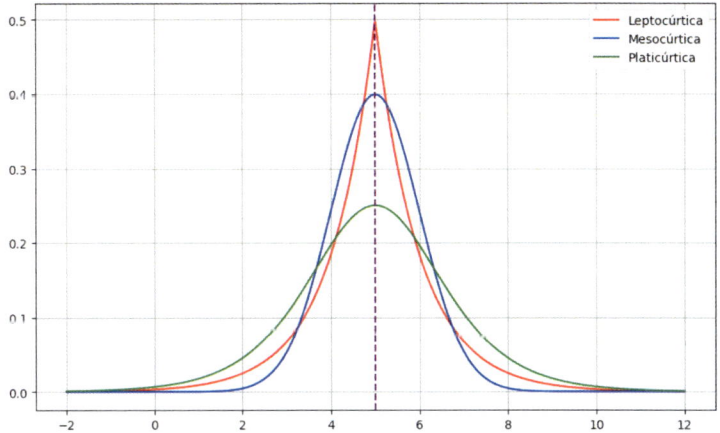

Figura 1.14. Índice de curtosis F_2
(para una variable aleatoria X con $\mu = 5$ y $\sigma^2 = 1$).

- Si $F_2 > 0 \Rightarrow$ La función de densidad de la variable aleatoria X es más apuntada que la de una variable aleatoria con distribución normal y se denomina *leptocúrtica* (alta curtosis, curvatura pronunciada y colas cortas).

- Si $F_2 = 0 \Rightarrow$ La función de densidad de la variable aleatoria X muestra un grado de aplastamiento similar al de una variable aleatoria con distribución normal y se denomina *mesocúrtica* (curtosis normal, curvatura normal y colas moderadas).

- Si $F_2 < 0 \Rightarrow$ La función de densidad de la variable aleatoria X es más aplastada que la de una variable aleatoria con distribución normal y se denomina *platicúrtica* (baja curtosis, ligera curvatura y colas largas).

Ejemplo 3.21

Considere la variable aleatoria descrita en el Ejemplo 3.1 y calcule el coeficiente de asimetría y el coeficiente de curtosis.

El coeficiente de asimetría se calcula como:

$$F_1 = \frac{\mu_3}{\sigma^3} = \frac{-0.336}{\left(\sqrt{0.76}\right)^3} \approx -0.51 < 0 \text{ (asimétrica negativa)}$$

El coeficiente de curtosis se calcula como:

$$F_2 = \frac{\mu_4}{\sigma^4} - 3 = \frac{1.5472}{\left(\sqrt{0.76}\right)^4} - 3 \approx -0.32 < 0 \text{ (platicúrtica)}$$

3.6. Desigualdades probabilísticas

Desigualdad de Markov

Sea X una variable aleatoria y $g(X)$ una transformación de la variable aleatoria X, tal que $g(X) \geq 0$. Entonces,

$$\forall t > 0 \quad \text{se verifica que} \quad P(g(X) \geq t) \leq \frac{E[g(X)]}{t}$$

Demostración 1.1

$$E[g(X)] = \int_{-\infty}^{\infty} g(x) f_X(x) dx = \int_{g(X) \geq t} g(x) f_X(x) dx + \int_{g(X) < t} g(x) f_X(x) dx \geq$$

$$\geq \int_{g(X) \geq t} g(x) f_X(x) dx \geq \int_{g(X) \geq t} t\, f_X(x) dx = t \int_{g(X) \geq t} f_X(x) dx = t P(g(X) \geq t)$$

Por tanto,

$$P(g(X) \geq t) \leq \frac{E[g(X)]}{t}$$

Como caso particular, se tiene que cuando una variable aleatoria X está acotada inferiormente por el 0, es decir $P(X \geq 0) = 1$, por la desigualdad de Markov se tiene que:

$$P(X \geq t) \leq \frac{E[X]}{t} \quad \forall\, t > 0$$

Teorema de Tchebysheff

El teorema de Tchebysheff establece que no más de una determinada fracción de valores de cualquier distribución puede estar a más de un número específico de desviaciones típicas de la media. Este teorema es una consecuencia de la desigualdad de Markov.

Este teorema se utiliza para calcular cotas de las probabilidades de una variable aleatoria cuya distribución es desconocida, pero su esperanza y varianza son conocidas.

Sea X una variable aleatoria con media μ y desviación típica σ. Entonces,

$$\forall\, k > 0 \quad \text{se verifica que} \quad P(|X - \mu| < k\sigma) \geq 1 - \frac{1}{k^2} \quad \text{o también:}$$

$$P(|X - \mu| \geq k\sigma) \leq \frac{1}{k^2}$$

Demostración 1.2

Aplicando la desigualdad de Markov y siendo $g(X) = (X - \mu)^2 \geq 0$, se obtiene que:

$$P((X - \mu)^2 \geq t) \leq \frac{E[(X - \mu)^2]}{t} = \frac{\sigma^2}{t} \quad \text{de igual forma,} \quad P(|X - \mu| \geq \sqrt{t}) \leq \frac{\sigma^2}{t}$$

Considerando $t = k^2\sigma^2$, la desigualdad queda tal que:

$$P(|X - \mu| \geq k\sigma) \leq \frac{\sigma^2}{k^2\sigma^2} = \frac{1}{k^2}$$

En consecuencia, la cota inferior para la probabilidad del suceso contrario queda definida como:

$$P(|X - \mu| < k\sigma) \geq 1 - \frac{1}{k^2}$$

Si se considera $k\sigma = t$, la desigualdad de Tchebysheff es tal que:

$$\forall\, t > 0 \text{ se verifica que} \quad P(|X - \mu| < t) \geq 1 - \frac{\sigma^2}{t^2} \quad \text{o también:}$$

$$P(|X - \mu| \geq t) \leq \frac{\sigma^2}{t^2}$$

Ejemplo 3.22

El número promedio de estudiantes de la facultad que comen el menú del día en la cafetería es de 150, con una varianza de 20. Calcule una cota para la probabilidad de que, en un día determinado, el número de estudiantes que comen el menú del día esté entre 120 y 180.

Sea X que representa el número de estudiantes que comen el menú del día en la cafetería de la facultad. Como solo son conocidas la media y la varianza de X, para calcular esta cota es necesario utilizar la desigualdad de Tchebysheff.

$$
\begin{aligned}
P(120 < X < 180) &= P(120 - 150 < X - \mu < 180 - 150) \\
&= P(-30 < X - \mu < 30) \\
&= P(|X - \mu| < 30) \geq 1 - \frac{20}{30^2} \approx 0.98
\end{aligned}
$$

La probabilidad de que el número de estudiantes que comen el menú del día esté entre 120 y 180 es al menos 0.98.

3.7. Ejercicios

Ejercicios resueltos

Ejercicio R. 3.1

Un jugador paga 10 € por lanzar una moneda. Si obtiene una cara en menos de tres lanzamientos, la banca le paga 50 €. Si necesita entre tres y cinco lanzamientos (ambos inclusive) para obtener una cara, la banca le paga 20 €. En los demás casos, no recibe nada. Se pide calcular el beneficio esperado.

Solución:

Se sabe que al lanzar una moneda hay un coste de 10 €, lo que da lugar a tres situaciones de beneficios:

1) Si el jugador obtiene una cara en menos de tres lanzamientos, su ganancia neta será 50€-10€=40€.

2) Si el jugador obtiene una cara entre tres y cinco lanzamientos, su ganancia neta será 20€-10€=10€.

3) En los demás casos, su ganancia neta será 0€-10€= -10€.

Por lo tanto, $X \to \{-10, 10, 40\}$, y la función de masa es $P(X = -10) = \left(\frac{1}{2}\right)^5 = \frac{1}{32}$; $P(X = 10) = \left(\frac{1}{2}\right)^3 + \left(\frac{1}{2}\right)^4 + \left(\frac{1}{2}\right)^5 = \frac{7}{32}$; y $P(X = 40) = \left(\frac{1}{2}\right)^1 + \left(\frac{1}{2}\right)^2 = \frac{24}{32}$

El beneficio esperado se calcula como:

$$E[X] = -10 \cdot \frac{1}{32} + 10 \cdot \frac{7}{32} + 40 \cdot \frac{24}{32} = \frac{-10 + 7 \cdot 10 + 40 \cdot 24}{32} = \frac{1020}{32} \approx 31.88€$$

Ejercicio R. 3.2

Sea X una variable aleatoria continua con función de densidad, $f_X(x) = 2x - 2$ si $x \in (1, 2)$. Se pide:

1. Determinar su moda, su esperanza matemática, y su mediana.

2. Determinar el valor del cuantil de orden $\frac{2}{3}$.

3. Calcular la probabilidad $P\left(X < \frac{1}{2} | X < 3\right)$.

Solución:

1. Si $x \in (1, 2)$, $f_X(x) = 2x - 2 \to \frac{\partial}{\partial x} f_X(x) = 2 > 0$

$\to \nexists x | \frac{\partial}{\partial x} f_X(x) = 0$

En este caso, la moda es el límite superior del intervalo de definición, $Mo = max\{x\} = 2$.

La esperanza matemática se calcula como:

$$E[X] = \int_1^2 x \cdot (2x - 2)dx = \left[\frac{2x^3}{3} - \frac{2x^2}{2}\right]_1^2 = \left[\frac{2x^3}{3} - x^2\right]_1^2$$

$$= \left(\frac{2 \cdot (2^3 - 1^3)}{3} - (2^2 - 1^2)\right) = \frac{5}{3}$$

La mediana se calcula como:

$$\text{Si } x \in (1, 2), F(Me) = \int_{-\infty}^{Me} f_X(x)dx = \int_1^{Me} 2x - 2 \, dx = \left[\frac{2x^2}{2} - 2x\right]_1^{Me} =$$

$$= (Me^2 - 2Me) - (1^2 - 2) = Me^2 - 2Me + 1 = \frac{1}{2}$$

$$\to Me^2 - 2Me + \frac{1}{2} = 0 \to Me = \frac{-(-2)\pm\sqrt{4 - 4\cdot 1 \cdot \frac{1}{2}}}{2\cdot 1} = 1 \pm \frac{\sqrt{2}}{2}$$

Como $1 - \frac{\sqrt{2}}{2} \approx 0.2929 < 1$, $Me = 1 + \frac{\sqrt{2}}{2}$

2. El valor del cuantil de orden $\frac{2}{3}$ se calcula como:

Si $x \in (1, 2)$, $F(x) = \int_{-\infty}^x f_X(t)dt = \int_1^x 2t - 2 \, dt = [t^2 - 2t]_1^x = x^2 - 2x + 1 = \frac{2}{3}$

$$\to x^2 - 2x + \frac{1}{3} = 0 \to x = \frac{-(-2)\pm\sqrt{4 - 4\cdot 1 \cdot \frac{1}{3}}}{2\cdot 1} = 1 \pm \frac{\sqrt{6}}{3}$$

Como $x \in (1, 2)$, $x = 1 + \frac{\sqrt{6}}{3}$

Entonces, el valor del cuantil de orden $\frac{2}{3}$ es de $1 + \frac{\sqrt{6}}{3}$.

3. La probabilidad de interés es:

$$P\left(X < \frac{1}{2}|X < 3\right) = \frac{P\left(X < \frac{1}{2} \cap X < 3\right)}{P(X < 3)} = \frac{0}{1} = 0$$

Ejercicio R. 3.3

En una fábrica, se sabe que el peso promedio de los productos es de μ=500 gramos, con una desviación estándar de σ=20 gramos. Determina aproximadamente:

1. ¿Qué porcentaje de los productos tiene un peso entre 460 gramos y 540 gramos?

2. ¿Qué porcentaje de los productos tiene un peso entre 480 gramos y 520 gramos?

Solución:

1. Para $k=2$ (entre 460 y 540 gramos), al menos el 75% de los productos cumplen con esta condición.

2. Para $k=1$ (entre 480 y 520 gramos), el teorema de Tchebysheff no proporciona información útil.

Ejercicio R. 3.4

Con objeto de establecer un plan de producción, una empresa ha estimado que la demanda aleatoria de sus potenciales clientes se comportará semanalmente con arreglo a la siguiente ley de probabilidad:

$$f(x) = \begin{cases} \dfrac{1}{12}(4x + 2) & x \in [0,2] \\ 0 & \text{resto} \end{cases}$$

1. ¿Qué stock debe tener para poder satisfacer la demanda en el 60% de los casos?

2. ¿Cuál es la esperanza matemática de la variable $Y = 7X - \alpha$?

3. En el 10% de las semanas de más venta, ¿cuánto se consume cómo mínimo?

Solución:

1. Para conocer el stock necesitamos calcular el percentil 60.

$$K = P_{60}(X) \ si \ F(K) = 0.6 = \int_{-\infty}^{K} f_X(t)dt = \int_{0}^{K} \frac{1}{12}(4t + 2)\, dt =$$

$$= \left[\frac{1}{12}(2t^2 + 2t)\right]_0^K = \frac{1}{12}(2K^2 + 2K) = 0.6$$

$$\rightarrow K^2 + K - 3.6 = 0$$

Se resuelve la ecuación de segundo grado y las soluciones son: $\dfrac{-1\pm\sqrt{1+4\cdot1\cdot3.6}}{2\cdot1}$, la solución negativa no es factible, por lo tanto, nos quedamos con $K \approx 1.46$.

2. Aplicando las propiedades de las variables aleatorias obtenemos que la $E[Y] = E[7X - \alpha] = 7E[X] - \alpha$.

   Como $E[X] = \int_{-\infty}^{\infty} xf(x)dx = \int_0^2 \frac{x}{12}(4x + 2)\, dx - 1.22$

$$E[Y] = 7 \cdot 1.22 - \alpha = 8.54 - \alpha$$

3. Para conocer el consumo mínimo del 10% de las semanas con más ventas debemos calcular el percentil 90.

$$K = P_{90}(X) \; si \; F(K) = 0{,}9 - \int_{-\infty}^{K} f_X(t)dt = \int_0^K \frac{1}{12}(4t + 2)\, dt =$$

$$= \left[\frac{1}{12}(2t^2 + 2t)\right]_0^K = \frac{1}{12}(2K^2 + 2K) = 0.9$$

$$\to K^2 + K - 5.4 = 0$$

Se resuelve la ecuación de segundo grado y las soluciones son: $\frac{-1 \pm \sqrt{1 + 4 \cdot 1 \cdot 5.4}}{2 \cdot 1}$,

la solución negativa no es factible, por lo tanto, nos quedamos con $K \approx 1.88$.

Ejercicios propuestos

Ejercicio P. 3.1

Sea X una variable aleatoria continua con función de densidad $f_X(x) = \begin{cases} \frac{2}{x^3} & \text{si} \quad x \geq 1 \\ 0 & \text{en} \quad \text{otro caso} \end{cases}$. Se pide:

1. Calcular los momentos de orden 1 a 4 respecto al origen.

2. Calcular los momentos de orden 1 a 4 respecto a la media.

3. Calcular el coeficiente de asimetría y de curtosis.

Ejercicio P. 3.2

Un jugador apuesta 20 € en un juego que consiste en lanzar tres dados legales. Si al menos dos de ellos muestran un cinco, se recogen 60 € del bote de las apuestas; en caso contrario, no se gana nada. Se pide:

1. Calcular la ganancia media por jugada de este jugador y la probabilidad de ganar en cada jugada.

2. Calcular cuánto dinero debería recibir la banca para que el juego fuera equitativo.

Ejercicio P. 3.3

Cierta aleación se forma con la mezcla fundida de dos metales. La aleación que resulta contiene cierto porcentaje de plomo X, que puede considerarse como una variable aleatoria. Suponiendo que X tiene la siguiente función de densidad:

$$f_X(x) = \begin{cases} k\dfrac{3x(100-x)}{5} & \text{si} \quad x \in (0,100) \\ 0 & \text{en} \quad \text{otro caso} \end{cases}$$

1. Probabilidad de que la aleación tenga entre un 30 y 70% de plomo.

2. Esperanza de la proporción de plomo.

3. Si realizamos el cambio de variable, $Y = ln(X)$. Calcular la función de densidad de Y y su esperanza.

4. La venta de estas piezas se vende a 3€ si contiene menos del 10% de plomo, a 5€ si contiene entre un 10 y un 30%, a 8€ si contiene entre un 30 y un 70% y a 10€ en el resto. ¿Cuál es el precio medio de las piezas?

Ejercicio P. 3.4

Una compañía perforadora de pozos petroleros se arriesga en varios sitios, y su éxito o fracaso es independiente de un sitio a otro. Supongamos que la probabilidad de éxito en cualquier sitio específico es 0.25.

1. ¿Cuál es la probabilidad de que un perforador barrene 10 sitios y tenga un éxito?

2. El perforador siente que irá a la quiebra si perfora 10 veces antes de que ocurra el primer éxito. ¿Cuáles son las perspectivas del perforador para la ruina?

3. Número medio de perforaciones hasta encontrar petróleo.

Ejercicio P. 3.5

El tiempo de vida, en horas, de un cierto componente electrónico sigue una distribución de probabilidad cuya función de densidad es:

$$f_X(x) = 6xe^{-3x^2} , \forall x > 0$$

Se pide:

1. Si un componente se ha probado durante 1 horas, ¿con qué probabilidad podrá mantenerse en funcionamiento?

2. ¿Cuál debe ser la vida útil de un componente para garantizar su funcionamiento con una probabilidad del 0.95?

3. Calcular el momento centrado de orden 3. Interpreta su resultado.

Ejercicio P. 3.6

Sea X la variable aleatoria continua cuya función de densidad viene dada por la expresión:

$$f_X(x) = \begin{cases} k|x - 2|, & x \in (0,4) \\ 0, & resto \end{cases}$$

Se pide:

1. Calcular k para que sea función de densidad.

2. ¿Es la variable simétrica? ¿Cuánto valen los momentos impares respecto a la media?

3. Calcular la varianza.

Ejercicio P. 3.7

Sea X una variable aleatoria discreta cuya función de probabilidad se describe a continuación:

X	2	3	4	5
$P(X = x)$	0.10	0.30	0.20	0.40

Se pide: calcular su esperanza matemática, su varianza y los cuantiles de orden 0.4 y 0.5.

Ejercicio P. 3.8

Sea X una variable aleatoria con función de densidad $f_X(x) = Ax$ si $0 \leq x \leq k$ y sea el valor de la mediana $\frac{1}{\sqrt{2}}$. Se pide:

1. Determinar el valor de k y de A.

2. Calcular el valor medio, la varianza, la moda y el recorrido de la distribución.

Ejercicio P. 3.9

Sea X una variable aleatoria donde:
$$f_X(x) = 1/2\{\theta I_{(0,1)}(x) + I_{(1,2)}(x) + (1 - \theta)I_{(2,3)}(x)\}$$
donde θ es una constante fija $0 \leq \theta \leq 1$.
Se pide:

1. Calcular la función de distribución de X.

2. Calcular la esperanza matemática, la mediana y el momento no centrado de orden 4.

Ejercicio P. 3.10

El salario mensual, en cientos de miles de euros, de los trabajadores de una pequeña empresa, es una variable aleatoria con función de densidad:

$$f_X(x) = \begin{cases} x - 1 & si\ 1 \leq x < 2 \\ 3 - x & si\ 2 \leq x \leq 3 \\ 0 & en\ el\ resto \end{cases}$$

Se pide:

1. Hállese el salario mínimo del 50% de los trabajadores que más cobran.

2. ¿Cuál es el salario máximo del 10% de los trabajadores que menos cobran?

3.8. Evaluación

Todos los estudiantes del Grado en Estadística Aplicada y del Grado en Ciencia de los Datos Aplicada de la UCM, matriculados en la asignatura de Azar y Probabilidad, tienen acceso al Campus Virtual para responder una serie de preguntas seleccionadas aleatoriamente del banco de preguntas, con el fin de obtener la calificación de la evaluación continua.

Este manual está disponible en el repositorio de la UCM, por lo que se ha dispuesto una autoevaluación para cualquier persona interesada en la asignatura, utilizando el mismo banco de preguntas del Campus Virtual, accesible en Google Forms a través del siguiente enlace: https://forms.gle/uUGr91UxoetdG9qH8.

Bibliografía

Barboianu, C. (2006). Understanding and Calculating the Odds: Probability Theory Basics and Calculus Guide for Beginners, with Applications in Games of Chance and Everyday Life. Infarom Publishing.

Barboianu, C., Martilotti, R. (2009). *Entendiendo las probabilidades y calculándolas: Fundamentos de la Teoría de la Probabilidad y Guía de Cálculo Para Principiantes, con Aplicaciones en los Juegos de Azar y en la Vida Cotidiana*. Infarom Publishing.

Bellosta, C. J. G. (2021). *Introducción a la probabilidad y la estadística para científicos de datos*. https://datanalytics.com/libro_estadistica/index.html

Caballero Roldán, R., Hortalá González, T., Martí Oliet, N., Nieva Soto, S., Pareja Lora, A., & Rodríguez Artalejo, M. (2024). *Ejercicios resueltos de matemática discreta (1ª edición)*. Ibergarceta Publicaciones, S.L.

Durrett, R. (2019). *Probability: Theory and Examples*. Cambridge University Press.

Feller, W. (1991). *An Introduction to Probability Theory and Its Applications*, Volume 2. John Wiley & Sons.

Jiménez Saavedra, N. (2000). *La axiomática de Kolmogorov: Fundamento de la teoría de la probabilidad*. Revista de didáctica de las matemáticas, 43–44, 185–190.

Juárez, I. U., Moreno, J. S. M., & Perucha, V. T. (2003). *Lecciones de cálculo de probabilidades: Curso teórico-práctico*. Thomson.

Juárez, I. U., Moreno, J. S. M., & Perucha, V. T. (2009). *Cálculo de probabilidades*. Ibergaceta.

Loève, M. (1977). Elementary Probability Theory. In M. Loève (Ed.), Probability Theory I (pp. 1-52). Springer.

Pascucci, A. (2024). *Probability Theory I: Random Variables and Distributions* (Vol. 165). Springer Nature Switzerland. https://doi.org/10.1007/978-3-031-63190-0

Susi García, R., & Espínola Vílchez, R. (2012). *Azar y Probabilidad*. Cersa.

MÓDULO 2
Familia de distribuciones aleatorias

En este módulo, se presentan distintos tipos de distribuciones aleatorias, fundamentales para el análisis de fenómenos aleatorios. Como se introdujo en el módulo anterior, las variables aleatorias se pueden clasificar principalmente en discretas y continuas. Basándose en esto, las distribuciones aleatorias se van a clasificar en discretas y continuas, donde las primeras se utilizan para modelar situaciones en las que los resultados son finitos o infinitos numerables, mientras que las segundas son apropiadas para fenómenos que pueden tomar un rango infinito de valores no numerable.

La Figura 2.1 presenta un mapa conceptual que resume las principales distribuciones aleatorias que se abordarán en la asignatura Azar y Probabilidad. A lo largo de este módulo, se profundizará en cada una de estas distribuciones, analizando sus funciones de masa (para variables aleatorias discretas) o de densidad (para variables aleatorias continuas) y sus características.

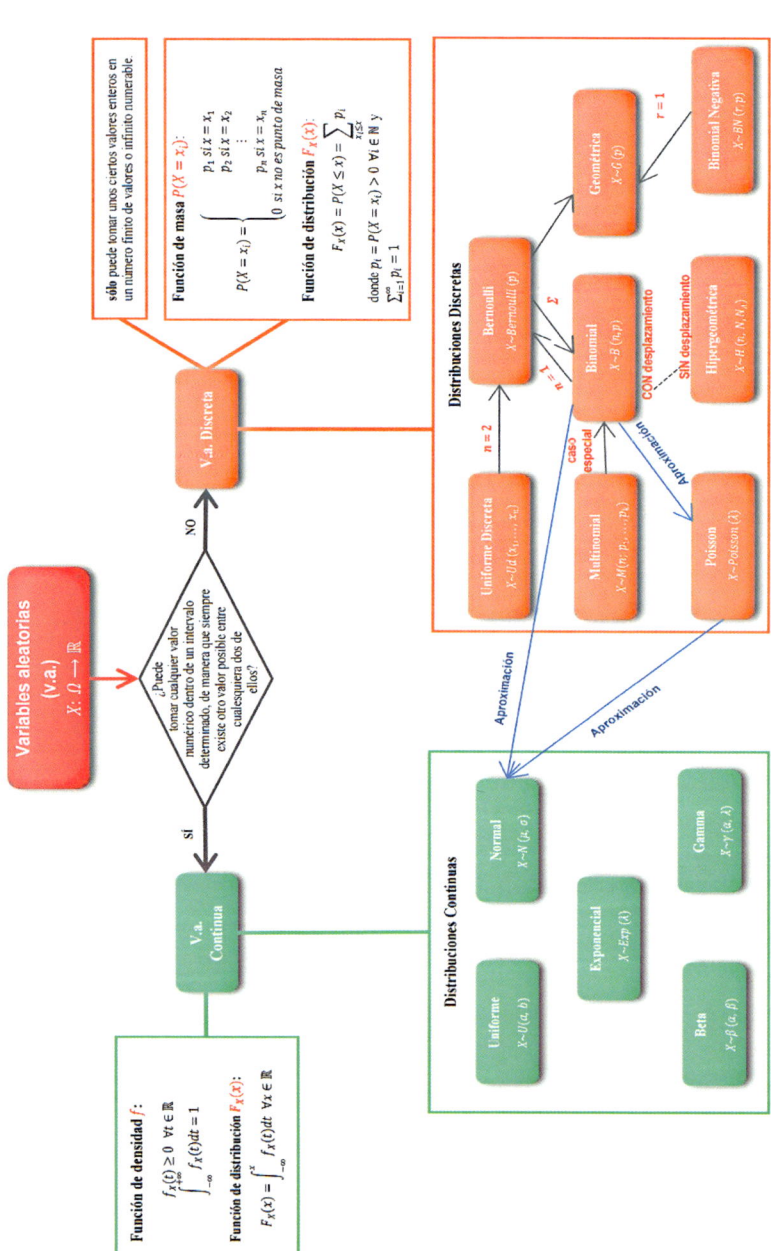

Figura 2.1. Distribuciones aleatorias en la asignatura Azar y Probabilidad.

Tema 4. Distribuciones discretas

En este tema se presentan las principales distribuciones discretas y sus características. Estas distribuciones son esenciales en la teoría de probabilidades, ya que modelan fenómenos con resultados finitos o infinitos numerables. Un ejemplo es cuando tenemos que planificar la cantidad de recursos necesarios (personal, materiales, etc.) o analizar encuestas con respuestas categorizadas (por ejemplo, cuántas personas prefieren una opción en particular).

En este tema se abordarán distribuciones clave, como la **hipergeométrica, de Bernoulli, binomial, geométrica, binomial negativa** y **de Poisson**, destacando sus aplicaciones prácticas y propiedades.

La Tabla 2.1 resume la función de masa, la esperanza matemática, la varianza y la función característica de las distribuciones presentadas en este tema. A través de ejemplos, se facilitará la comprensión de sus diferencias y su aplicación en campos como la estadística, la investigación operativa y la ciencia de datos.

Tabla 2.1. Distribuciones discretas

Distribución	Función de masa	Esperanza matemática	Varianza	Función característica
Degenerada	$P(X = c) = 1$ $P(X \neq c) = 0$	c	0	e^{itc}
Bernoulli $X \sim$ **Bernoulli**	$P(X = k)$ $= p^k(1-p)^{1-k}$ $k = 0, 1$	p	pq	$pe^{it} + q$
Binomial $X \sim B$ (n, p)	$P(X = k)$ $= \binom{n}{k} p^k (1-p)^{n-k}$ $k = 0, 1, 2, \ldots, n$	np	npq	$(pe^{it} + q)^n$

https://dx.doi.org/10.5209/docm.004.04
Jugando con el azar: fundamentos para la estadística aplicada y la ciencia de datos. María Ángeles Medina Sánchez, Ziwei Shu, Rosario Susi García y Rosa Espínola Vílchez. © Ediciones Complutense, 2025.

	$P(X = k)$			
Hipergeo-métrica $X \sim H$ (n, N, N_A)	$P(X = k)$ $= \dfrac{\binom{N_A}{k}\binom{N-N_A}{n-k}}{\binom{N}{n}}$ $k = \max\{0, n - (N - N_A)\},$ $\ldots, \min\{n, N_A\}$	$n\dfrac{N_A}{N}$	$n\dfrac{N_A}{N}\dfrac{(N-N_A)}{N}\dfrac{(N-n)}{N-1}$	No existe en forma cerrada
Geométrica $X \sim G(p)$	$P(X = k)$ $= (1-p)^k p = q^k p$ $k = 0, 1, 2, \ldots$	$\dfrac{q}{p}$	$\dfrac{q}{p^2}$	$\dfrac{p}{1 - qe^{it}}$
Binomial negativa $X \sim BN$ (r, p)	$P(X = k)$ $= \binom{k+r-1}{k} q^k p^r$ $k = 0, 1, 2, \ldots$	$\dfrac{rq}{p}$	$\dfrac{rq}{p^2}$	$\left(\dfrac{p}{1 - qe^{it}}\right)$
Poisson $X \sim P$ (λ)	$P(X = k) = e^{-\lambda}\dfrac{\lambda^k}{k!}$ $k = 0, 1, 2, \ldots$	λ	λ	$e^{-\lambda(e^{it}-1)}$
Uniforme discreta $X \sim Ud$ $(x_1, \ldots, x_n)$	$P(X = x_i) = \dfrac{1}{n}$ $i = 1, 2, \ldots, n$	$\dfrac{n+1}{2}$	$\dfrac{n^2-1}{12}$	
Multinomial $X \sim M$ $(n; p_1, \ldots, p_k)$	$P(X_1 = x_1, X_2 = x_2, \ldots, X_k = x_k) =$ $\dfrac{n!}{x_1! x_2! \ldots x_k!} p_1^{x_1} p_2^{x_2} \cdots p_k^{x_k}$	$E[X_i]$ $= np_i$	$np_i(1-p_i)$	

Fuente: elaboración propia.

4.1. Distribución degenerada

La distribución degenerada se caracteriza por tomar un valor constante c con probabilidad 1. Se dice que una variable aleatoria X es *degenerada* en el punto c si su *función de masa* se describe como:

$$P(X = c) = 1 \quad y \quad P(X \neq c) = 0$$

La *función de distribución* de una variable aleatoria X *degenerada* en el punto c es:

$$F_X(x) = \begin{cases} 0 & si \ x < c \\ 1 & si \ x \geq c \end{cases}$$

La *esperanza matemática* de una variable aleatoria X con distribución degenerada en el punto c es el propio valor c, tal que:

$$E[X] = c$$

La *varianza* de una variable aleatoria X con distribución degenerada en el punto c es cero, es decir:

$$V(X) = \sigma^2 = 0$$

Los *momentos respecto al origen de orden r* de una variable aleatoria X con distribución degenerada, vienen dados por la siguiente expresión:

$$\alpha_r = E[X^r] = c^r \quad \forall r \in \mathbb{N}$$

La *función característica* de una variable aleatoria X con distribución degenerada en el punto c, es tal que:

$$\varphi X(t) = E[e^{itX}] = e^{itc} \quad \forall t \in \mathbb{R}$$

4.2. Distribución de Bernoulli

La distribución de Bernoulli, nombrada en honor al matemático *Jacob Bernoulli* (1654-1705), es una distribución de probabilidad discreta y la más simple, ya que solo tiene dos valores posibles para la variable aleatoria: $x = 1$ ("éxito") con probabilidad de éxito p y $x = 0$ ("fracaso") con probabilidad de fracaso $q = 1 - p$, donde $0 < p < 1$. Por ejemplo, al lanzar una moneda, los posibles resultados de este experimento son cara o cruz. Si está interesado en el evento cara, a cara se denota como éxito y cruz como fracaso. En este caso, si la moneda no está trucada $p = q = 0.5$.

Se dice que una variable aleatoria X sigue una *distribución de Bernoulli* de parámetro p y se denota como $X \sim Bernoulli\ (p)$, cuando su *función de masa* se describe como:

$$P(X = k) = p^k (1 - p)^{1-k}$$

donde $k = 0, 1$ es el número de éxitos, y p es la probabilidad de éxito en cada ensayo. La *esperanza matemática* de una variable aleatoria X con distribución de Bernoulli, viene dada por:

$$E[X] = p$$

La *varianza* de una variable aleatoria X con distribución de Bernoulli es:

$$V(X) = p\ (1 - q) = pq$$

Los *momentos respecto al origen de orden r* para una variable aleatoria X con distribución de Bernoulli son:

$$\alpha_r = E[X^r] = p$$

La *función característica* de una variable aleatoria X con distribución Bernoulli de parámetro p vendrá dada por:

$$\varphi X(t) = E[e^{itX}] = pe^{it} + q \quad \forall t \in \mathbb{R}$$

De hecho, la distribución de Bernoulli describe un único ensayo dentro de un **proceso de Bernoulli**.

El proceso de Bernoulli se refiere a una serie de ensayos independientes que siguen la distribución de Bernoulli con el mismo parámetro p. Cada ensayo tiene solo dos posibles resultados: "éxito" y "fracaso". Basándose en este proceso, se generan otros tipos de distribuciones discretas, como la binomial, que cuenta el número de éxitos en varios ensayos o la geométrica, que modela el número de ensayos necesarios para obtener el primer éxito, entre otras. Estas distribuciones se presentarán en las próximas secciones.

Ejemplo 4.1

Un juego consiste en lanzar un dado una única vez. Si se obtiene un 5, se gana; de lo contrario, se pierde. Determinar la función de masa de la variable aleatoria X.

La variable X toma el valor 1 si el lanzamiento da como resultado un 5 (éxito) y 0 si se obtiene cualquier otro valor (fracaso). La distribución de la variable aleatoria X es una distribución de Bernoulli con parámetro $p = \frac{1}{6}$, que representa la probabilidad de éxito (obtener un 5), tal que $X \sim Bernoulli\left(\frac{1}{6}\right)$. La función de masa de probabilidad de X es:

$$P(X = 1) = p = \frac{1}{6}$$

$$P(X = 0) = 1 - p = \frac{5}{6}$$

También se puede expresar de la siguiente forma:

$$P(X = k) = \left(\frac{1}{6}\right)^k \left(\frac{5}{6}\right)^{1-k}$$

donde $k = 0, 1$.

4.3. Distribución binomial

Se realiza un proceso de Bernoulli, es decir, una réplica de n sucesos independientes de Bernoulli con la finalidad de describir el número de éxitos obtenidos.

La variable aleatoria X que describe el número de éxitos en n experimentos independientes de Bernoulli, sigue una *distribución binomial* de parámetros n y p, denotada como $X \sim B(n, p)$, siendo n el número de réplicas y p la probabilidad de éxito.

Cuando $n = 1$, la distribución se llama distribución de Bernoulli, abreviada como $X \sim Bernoulli(p)$.

El *tablero de Galton* (o máquina de Galton), inventado por Francis Galton (1822-1911), es un dispositivo que nos ayuda visualmente a entender la distribución binomial y cómo, bajo ciertas condiciones, esta se aproxima a la distribución normal (ver Figura 2.2).

Figura 2.2. Tablero de Galton. Fuente: Shu & Medina Sánchez (2024).

El tablero de Galton está compuesto por varias filas de clavijas dispuestas en un patrón triangular. Una bola se deja caer desde la parte superior, y a medida que desciende, golpea las clavijas, desviándose aleatoriamente hacia la izquierda o la derecha. Cada desvío hacia la izquierda o derecha puede interpretarse como un "éxito" o un "fracaso" en un ensayo de Bernoulli, de manera similar a cómo funciona la distribución binomial. La interpretación de los elementos del tablero de Galton es:

- Un número total de filas de clavijas representa el número de ensayos (n).

- Cada vez que la bola pasa por una clavija, puede desviarse hacia la izquierda o la derecha, representando que el ensayo ha sido un "éxito" o un "fracaso".

- La probabilidad de desviarse a la izquierda o a la derecha debe ser igual ($p = 0.5$), es importante que los clavos estén perpendiculares.

La distribución de las bolas acumuladas en los contenedores suele tomar una forma de campana que se aproxima a la distribución normal, especialmente cuando n es grande ($n \geq 30$). Esto indica que, al aplicar el teorema central del límite, la distribución binomial puede aproximarse a la distribución normal (ver también la sección 5.2).

Se dice que una variable aleatoria X sigue una *distribución binomial* de parámetros n y p, cuando X describe el número de éxitos obtenidos al realizar n experimentos ($n \geq 1$), con probabilidad de éxito p. La *función de masa* de una variable aleatoria $X \sim B(n, p)$ viene dada por:

$$P(X = k) = \binom{n}{k} p^k (1 - p)^{n-k}$$

donde:

- $k = 0, 1, 2, \ldots, n$ es el número de éxitos tras la realización del experimento n veces;

- $n - k$ el número de fracasos;

- $\binom{n}{k} = \frac{n!}{k!(n-k)!}$ es el coeficiente binomial que indica el lugar donde pueden aparecer los éxitos;

- p es la probabilidad de éxito en cada ensayo.

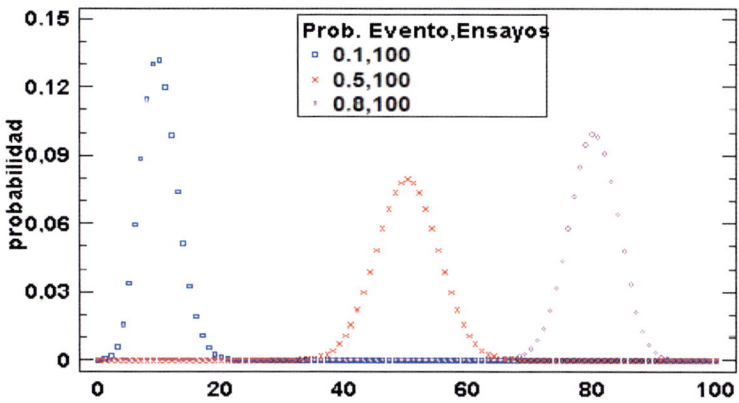

Figura 2.3. Función de masa de las variables aleatorias $B(100, 0.1)$,
$B(100, 0.5), B(100, 0.8)$.

La Figura 2.3 presenta la función de masa de las variables aleatorias que siguen la distribución binomial.

La *esperanza matemática* de una variable aleatoria X con distribución binomial de parámetros n y p viene dada por:

$$E[X] = np$$

La *varianza* de una variable aleatoria X con distribución binomial es:

$$V(X) = np\,(1 - q) = npq$$

La *función característica* de una variable aleatoria X con distribución binomial de parámetros n y p vendrá dada por:

$$\varphi X(t) = E[e^{itX}] = (pe^{it} + q)^n \quad \forall t \in \mathbb{R}$$

Se dice que una *distribución* es *reproductiva*, cuando la suma de variables aleatorias independientes que siguen una distribución específica se distribuye según esa misma distribución. En el siguiente teorema, se introduce el concepto de reproductividad de una distribución binomial respecto al parámetro n.

Teorema 2.1. Sean $X_1, \ldots, X_m$ variables aleatorias independientes con distribución binomial, tales que $X_j \sim B(n_j, p)$ con $j = 1, \ldots, m$. Entonces, $S_m = \sum_{j=1}^{m} X_j$ es una variable aleatoria binomial tal que:

$$S_m \sim B\left(\sum_{j=1}^{m} n_j, p\right)$$

Demostración 2.1

Para demostrarlo se utiliza la función característica de una distribución binomial. Se sabe que:

$$X_j \sim B(n_j, p) \Rightarrow \varphi X(t) = (pe^{it} + q)^{n_j} \quad \forall t \in \mathbb{R}$$

La función característica de la nueva variable, S_m, es:

$$\varphi S_m(t) = E[e^{itS_m}] = E[e^{it\sum_{j=1}^{m} X_j}] = E[e^{itX_1} e^{itX_2} \dots e^{itX_m}] =$$

como $X_1, \dots, X_m$ son variables aleatorias independientes, la esperanza del producto coincide con el producto de las esperanzas, por tanto

$$= E[e^{itX_1}]E[e^{itX_2}]\dots E[e^{itX_m}] = (pe^{it} + q)^{n_1}(pe^{it} + q)^{n_2}\dots(pe^{it} + q)^{n_m}$$
$$= (pe^{it} + q)^{\sum_{j=1}^{m} n_j}$$

Entonces,

$$S_m = \sum_{j=1}^{m} X_j \sim B\left(\sum_{j=1}^{m} n_j, p\right)$$

Como consecuencia del teorema anteriormente expuesto, si $X_1, \dots, X_m$ son variables aleatorias independientes idénticamente distribuidas (v.a.i.i.d.) con distribución binomial, $X_j \sim B(n_j, p)$ para $j = 1, \dots, m$, entonces, $S_m \sim B(mn, p)$.

Ejemplo 4.2

Un juego consiste en lanzar un dado tres veces, considerando como éxito obtener un 5. Definimos X como el número de veces que se obtiene un 5 en los 3 lanzamientos. Se pide:

1. *Determinar el tipo de distribución de la variable aleatoria X.*
2. *Calcular la probabilidad de obtener el valor 5 exactamente dos veces.*
3. *Calcular la probabilidad de que el número de veces que se obtenga el valor 5 sea menor o igual a 1.*

1. La variable aleatoria X que representa el número de veces que se obtiene un 5 al lanzar el dado tres veces es una variable aleatoria con distribución binomial de parámetros $n = 3$, y $p = \frac{1}{6}$, es decir, $X \sim B(3, \frac{1}{6})$.

2. La probabilidad de obtener un 5 exactamente dos veces es:

$$P(X = 2) = \binom{3}{2}\left(\frac{1}{6}\right)^2 \left(1 - \frac{1}{6}\right)^{3-2} = 3 \cdot \frac{1}{36} \cdot \frac{5}{6} = \frac{5}{72}$$

3. La probabilidad de interés es:

$$P(X \leq 1) = P(X = 0) + P(X = 1) = \binom{3}{0}\left(\frac{1}{6}\right)^0 \left(1 - \frac{1}{6}\right)^{3-0} + \binom{3}{1}\left(\frac{1}{6}\right)^1 \left(1 - \frac{1}{6}\right)^{3-1} =$$

$$= 1 \cdot 1 \cdot \left(\frac{5}{6}\right)^3 + 3 \cdot \frac{1}{6} \cdot \left(\frac{5}{6}\right)^2 = \frac{125}{216} + \frac{75}{216} = \frac{25}{27}$$

4.4. Distribución hipergeométrica

La *distribución hipergeométrica* es una distribución de probabilidad discreta que se aplica a muestreos aleatorios *sin reemplazamiento*, por lo tanto, el tamaño de la población varía con cada extracción.

Se dice que una variable aleatoria X sigue una *distribución hipergeométrica* de parámetros N, N_A y n, y se denota como $X \sim H(n, N, N_A)$, si describe *el número de éxitos en* n *pruebas*, donde:

- N: tamaño inicial de la población finita.

- N_A: número de éxitos en la población finita.

- n: número de extracciones realizadas sin reemplazamiento.

La *función de masa* de una variable aleatoria $X \sim H(n, N, N_A)$ viene dada por:

$$P(X = k) = \frac{\binom{N_A}{k}\binom{N-N_A}{n-k}}{\binom{N}{n}}$$

donde $k = máx\{0, n - (N - N_A)\}, \ldots, mín\{n, N_A\}$.

La Figura 2.4 presenta la función de masa de las variables aleatorias que siguen la distribución hipergeométrica.

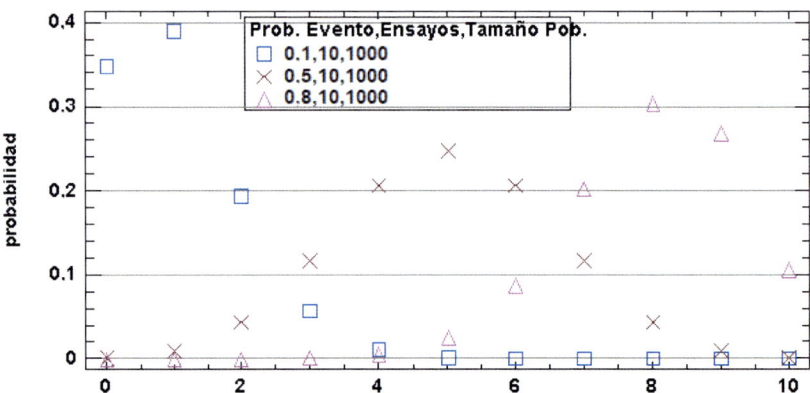

Figura 2.4. Función de masa de distintas variables
aleatorias hipergeométricas.

La *esperanza matemática* de una variable aleatoria X con distribución hipergeométrica de parámetros N, N_A y n viene dada por:

$$E[X] = n\frac{N_A}{N}$$

La *varianza* de una variable aleatoria X con distribución hipergeométrica es:

$$V(X) = n\frac{N_A}{N}\frac{(N-N_A)}{N}\frac{(N-n)}{N-1}$$

Relaciones entre las distribuciones binomial e hipergeométrica

Sea p la probabilidad de obtener éxito en la primera réplica de una variable aleatoria X con distribución hipergeométrica, es decir, $p = \frac{N_A}{N}$. Por tanto, la probabilidad de obtener fracaso en dicha población es $q = \frac{N-N_A}{N}$.

Con esta nueva notación se observa como la esperanza de una variable aleatoria X con distribución binomial y la de una variable aleatoria con distribución hipergeométrica coinciden:

$$E[X] = np = n\frac{N_A}{N}$$

Sin embargo, en el caso de la varianza, esto no ocurre. La varianza de una variable aleatoria X con distribución hipergeométrica según la nueva notación es la siguiente:

$$V(X) = n\frac{N_A}{N}\frac{(N - N_A)}{N}\frac{(N - n)}{N - 1} = npq\frac{(N - n)}{N - 1}$$

Como se puede observar, la diferencia entre la varianza de una variable aleatoria con distribución binomial y la de una variable aleatoria con distribución hipergeométrica es $\frac{N-n}{N-1}$.

Esta diferencia, denotada como $\alpha = \frac{N-n}{N-1}$, representa la reducción de la dispersión de una variable aleatoria por realizarse el muestreo sin reemplazamiento en una población finita.

A continuación, se presentan algunos casos en los que la distribución hipergeométrica se puede aproximar por la distribución binomial:

- Si $n = 1 \Rightarrow \alpha = 1$. En este caso, no existe diferencia entre el muestreo con y sin reemplazamiento, porque solo se extrae un elemento. Por tanto, las distribuciones binomial e hipergeométrica coinciden y además, coinciden con la distribución de Bernoulli.

- Si el tamaño de la población es suficientemente grande ($N \to \infty$) con respecto a n, se tiene que $\alpha = \frac{N-n}{N-1} \xrightarrow[N\to\infty]{} 1$. En este caso, la diferencia entre el muestreo con reemplazamiento y sin reemplazamiento es muy pequeña. Con este resultado se concluye que la distribución hipergeométrica se puede aproximar por la distribución binomial cuando el tamaño de la población $N \to \infty$. Así, si tenemos una variable aleatoria hipergeométrica con n pequeño comparado con el tamaño de la población N, entonces $H(n, N, N_A) \approx B(n, p)$ con $p = \frac{N_A}{N}$.

Ejemplo 4.3

La facultad compró ordenadores para el aula informática de los alumnos; no obstante, 10 de ellos fueron devueltos al distribuidor debido a un problema que surgía al abrirlos. Se supone que 4 de estos 10 ordenadores tienen la CPU defectuosa y los otros 6 presentan problemas más leves. Si se examinan al azar 5 de estos 10 ordenadores, se define la variable aleatoria X como "el número de ordenadores entre los 5 examinados que tienen una CPU defectuosa". Se pide:

1. Identificar la distribución de la variable aleatoria X.

2. *Calcular la probabilidad de que como máximo dos ordenadores tengan problemas de CPU.*
3. *Calcular la probabilidad de que no todos los ordenadores tengan problemas leves.*
4. *Calcular la esperanza y varianza de la variable aleatoria X.*

1. La variable aleatoria X que representa el número de ordenadores con CPU defectuosa entre los 5 seleccionados es una variable aleatoria con distribución hipergeométrica de parámetros $N = 10, N_A = 4$ y $n = 5$, es decir, $X \sim H(5, 10, 4)$.

2. La probabilidad de que como máximo dos ordenadores tengan problemas de CPU es:

$$P(X \leq 2) = P(X = 0) + P(X = 1) + P(X = 2) = \frac{\binom{4}{0}\binom{6}{5}}{\binom{10}{5}} + \frac{\binom{4}{1}\binom{6}{4}}{\binom{10}{5}} + \frac{\binom{4}{2}\binom{6}{3}}{\binom{10}{5}}$$

$$= \frac{1 \cdot 6}{252} + \frac{4 \cdot 15}{252} + \frac{6 \cdot 20}{252} = \frac{186}{252} = 0.7381$$

3. Si no ocurre que todos los ordenadores tengan problemas leves, es porque alguno tiene una CPU defectuosa. Es decir, $X \geq 1$. Entonces, la probabilidad de que no todos los ordenadores tengan problemas leves es:

$$P(X \geq 1) = 1 - P(X = 0) = 1 - \frac{\binom{4}{0}\binom{6}{5}}{\binom{10}{5}} = 1 - \frac{1 \cdot 6}{252} = \frac{246}{252} = 0.9762$$

4. La esperanza y varianza de la variable aleatoria X se calculan de la siguiente manera:

$$E[X] = n\frac{N_A}{N} = 5 \cdot \frac{4}{10} = 2$$

$$V(X) = n\frac{N_A}{N}\frac{(N-N_A)}{N}\frac{(N-n)}{N-1} = 5 \cdot \frac{4}{10} \cdot \frac{6}{10} \cdot \frac{5}{9} = \frac{6}{9} = 0.6667$$

4.5. Distribución geométrica

La *distribución geométrica* es una distribución de probabilidad discreta que modela el número de ensayos de Bernoulli independientes, e idénticamente distribuidos, necesarios hasta que ocurre el *primer éxito*. A diferencia de la distribución binomial, que implica un número fijo de ensayos, la distribución geométrica puede realizar ensayos de Bernoulli de forma indefinida, hasta obtener el primer éxito. En este contexto, se busca conocer el número de fracasos que ocurren antes de alcanzar dicho éxito.

Se dice que una variable aleatoria X sigue una *distribución geométrica* de parámetro p, siendo p la probabilidad de éxito, y se denota como $X \sim G(p)$, si describe el *número de fracasos antes de obtener el primer éxito*.

La *función de masa* de una variable aleatoria $X \sim G(p)$ viene dada por:

$$P(X = k) = (1 - p)^k p = q^k p$$

donde $k = 0, 1, 2, \ldots$ es el número de fracasos ante de obtener el primer éxito.

La Figura 2.5 presenta la función de masa de distintas variables aleatorias geométricas.

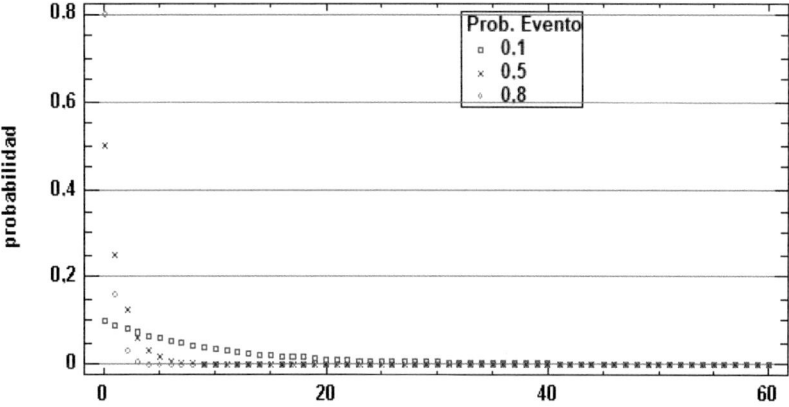

Figura 2.5. Función de masa de distintas variables aleatorias geométricas.

La esperanza matemática de una variable aleatoria X con distribución geométrica de parámetro p viene dada por:

$$E[X] = \frac{1 - p}{p} = \frac{q}{p}$$

La *varianza* de una variable aleatoria X con distribución geométrica es:

$$V(X) = \frac{1 - p}{p^2} = \frac{q}{p^2}$$

La *función característica* de una variable aleatoria X con distribución geométrica de parámetro p vendrá dada por:

$$\varphi X(t) = E[e^{itX}] = \frac{p}{1 - qe^{it}} \quad \forall t \in \mathbb{R}$$

Si se tiene interés en el *número de pruebas realizadas para obtener el primer éxito*, esta nueva variable aleatoria Y satisface que $Y = X + 1$, siendo $X \sim G(p)$.
Las características de la variable aleatoria Y son:

- La *función de masa* de la variable aleatoria Y es

$$P(Y = k) = (1 - p)^{k-1}p = q^{k-1}p \quad k = 1,2 \dots$$

- La *esperanza matemática* de la variable aleatoria $Y = X + 1$ es:

$$E[Y] = E[X] + 1 = \frac{q}{p} + 1 = \frac{1}{p}$$

- La *varianza* de la variable aleatoria Y es:

$$V(Y) = V(X) = \frac{q}{p^2}$$

- La *función característica* de la variable aleatoria Y es tal que:

$$\varphi Y(t) = E[e^{it(X+1)}] = e^{it}\varphi X(t) = \frac{e^{it}p}{1 - qe^{it}} \quad \forall t \in \mathbb{R}$$

Ejemplo 4.4

El Juego del Calamar es una popular serie surcoreana en la que varios de los juegos presentados pueden ser analizados desde una perspectiva probabilística. Un ejemplo es la quinta prueba, en la que los 16 participantes deben cruzar un puente de vidrio compuesto por 18 pasos. Cada paso tiene dos paneles: uno de vidrio templado, capaz de soportar el peso de una persona, y otro de vidrio normal, que se rompe al pisarlo, provocando la caída del jugador. Este desafío se puede analizar aplicando conceptos probabilísticos, aunque en la serie también entran en juego otros factores, como el tiempo limitado (16 minutos) y aspectos psicológicos y humanos (como la impulsividad, el miedo y la presión). A continuación, se analiza este juego del puente de vidrio, sin tener en cuenta factores no matemáticos.

Cada decisión sobre qué panel de vidrio elegir puede considerarse un ensayo de Bernoulli con dos posibles resultados: sobrevivir (elegir vidrio templado) o caer y morir (elegir vidrio normal). El primer jugador enfrenta un 50% de probabilidad de sobrevivir en cada uno de los 18 pasos. Para sobrevivir, el primer jugador debe cruzar con éxito los 18 pasos, lo que resulta en una probabilidad de 0.5^{18}, que se aproxima al 0.00038%. Se asume que es el tercer jugador en el juego del puente *de vidrio y, gracias a los dos jugadores anteriores, se ha logrado avanzar hasta el tercer paso (ver Figura 2.6). ¿Cuál es la probabilidad de supervivencia? ¿Cuál es la probabilidad de caer por primera vez después de haber saltado 4 pasos?*

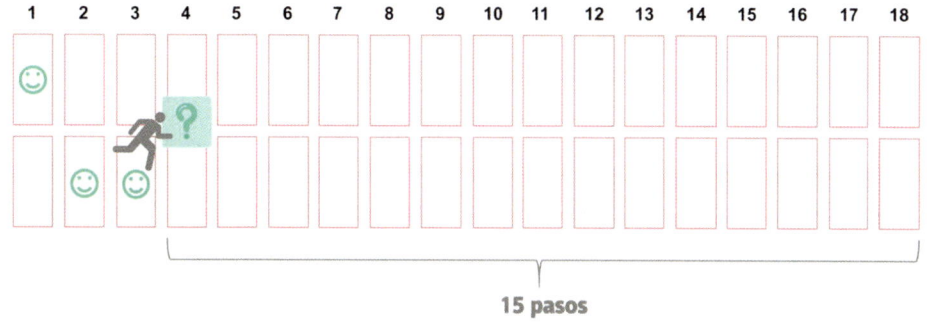

Figura 2.6. Ejemplo del juego del puente de cristal.
Fuente: elaboración propia basada en Shu & Medina Sánchez (2024).

En este caso, la variable aleatoria X que representa el número de pasos saltados hasta la primera caída es una variable aleatoria con distribución geométrica de parámetro $p = \frac{1}{2}$, tal que $X \sim G\left(\frac{1}{2}\right)$.

Se sabe que el número total de pasos es 18 y se han cruzado 3; es necesario atravesar los 15 pasos restantes para sobrevivir. La probabilidad de supervivencia se calcula de la siguiente manera:

$$P(X > 15) = 1 - \sum_{k=1}^{15} \frac{1}{2} \cdot \left(1 - \frac{1}{2}\right)^{k-1} = 1 - 0.99996948 \approx 0.003052\%$$

La probabilidad de caer por primera vez después de haber saltado 4 pasos es:

$$P(X = 5) = \frac{1}{2} \cdot (1 - \frac{1}{2})^{5-1} = \frac{1}{32} = 3.125\%$$

4.6. Distribución binomial negativa

La *distribución binomial negativa* es una distribución de probabilidad discreta que describe el número de fracasos hasta obtener r éxitos cuando se pueden realizar experimentos de Bernoulli indefinidamente de forma independiente. Esta distribución se aplica en diversas situaciones prácticas, como en el análisis de la calidad de productos, donde se puede modelar el número de piezas defectuosas producidas antes de alcanzar una cantidad deseada de piezas buenas. También se utiliza para pronosticar número de clientes necesarios para alcanzar un objetivo de ingresos específico.

Se dice que una variable aleatoria X sigue una *distribución binomial negativa* de parámetros r y p, siendo r el número de éxitos y p la probabilidad de éxito, y se denota como $X{\sim}BN(r,p)$, si describe el número de fracasos hasta obtener $r-$ésimo éxito.

La *función de masa* de una variable aleatoria $X{\sim}BN(r,p)$ viene dada por

$$P(X = k) = \binom{k+r-1}{k}(1-p)^k p^r = \binom{k+r-1}{k} q^k p^r$$

donde r es el número de resultados con éxito deseado, $k = 0, 1, 2, \ldots$ es el número de fracasos.

La Figura 2.7 presenta la función de masa de distintas variables aleatorias binomiales negativas.

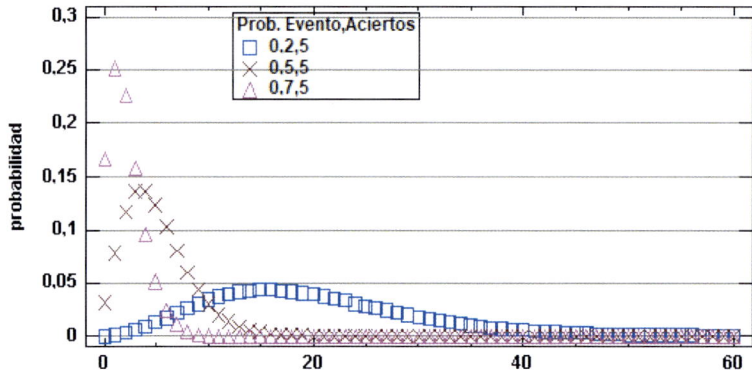

Figura 2.7. Función de masa de distintas variables aleatorias binomiales negativas.

La *esperanza matemática* de una variable aleatoria X con distribución binomial negativa es:

$$E[X] = \frac{r(1-p)}{p} = \frac{rq}{p}$$

La *varianza* de una variable aleatoria X con distribución binomial negativa es:

$$V(X) = \frac{r(1-p)}{p^2} = \frac{rq}{p^2}$$

La *función característica* de una variable aleatoria X con distribución binomial negativa de parámetros r y p vendrá dada por:

$$\varphi X(t) = E[e^{itX}] = \left(\frac{p}{1-qe^{it}}\right)^r \quad \forall t \in \mathbb{R}$$

La distribución binomial negativa es *reproductiva* respecto al parámetro r. Dicho resultado se muestra en el siguiente teorema.

Teorema 2.2. Sean $X_1, \ldots, X_m$ variables aleatorias independientes con distribución binomial negativa, tales que $X_j \sim BN(r_j, p)$ con $j = 1, \ldots, m$. Entonces, $S_m = \sum_{j=1}^m X_j$ es una variable aleatoria con distribución binomial negativa tal que:

$$S_m \sim BN\left(\sum_{j=1}^m r_j, p\right)$$

Demostración 2.2

Para demostrarlo se utiliza la función característica de una distribución binomial negativa. De forma que, la función característica de la nueva variable S_m es:

$$\varphi S_m(t) = E[e^{itS_m}] = E[e^{it\sum_{j=1}^m X_j}] = E[e^{itX_1}e^{itX_2}\ldots e^{itX_m}]$$

como $X_1, \ldots, X_m$ son variables aleatorias independientes,

$$E[e^{itX_1}e^{itX_2}\ldots e^{itX_m}] = E[e^{itX_1}]E[e^{itX_2}]\ldots E[e^{itX_m}] =$$
$$= \left(\frac{p}{1-qe^{it}}\right)^{r_1}\left(\frac{p}{1-qe^{it}}\right)^{r_2}\ldots\left(\frac{p}{1-qe^{it}}\right)^{r_m}$$
$$= \left(\frac{p}{1-qe^{it}}\right)^{\sum_{j=1}^m r_j}$$

Entonces,

$$S_m = \sum_{j=1}^m X_j \sim BN\left(\sum_{j=1}^m r_j, p\right)$$

Como casos particulares del teorema presentado se tiene que:

- Si $X_1, \ldots, X_m$ son v.a.i.i.d. con distribución binomial negativa tales que $X_j \sim BN(r, p)$ para $j = 1, \ldots, m$, entonces, $S_m \sim BN(mr, p)$.

- Si $X_1, \ldots, X_m$ son v.a.i.i.d. con distribución geométrica tales que $X_j \sim G(p)$ para $j = 1, \ldots, m$, entonces, $S_m \sim BN(m, p)$. De hecho, la distribución geométrica es un caso particular de la distribución binomial negativa para el caso de $r = 1$. Para más detalles, consulte el apartado de "Relaciones entre las distribuciones geométrica y binomial negativa".

Si se tiene interés en el *número de pruebas realizadas hasta conseguir* r *éxitos*, esta nueva variable aleatoria Y, satisface que $Y = X + r$, siendo $X \sim BN(r, p)$.

Las características de la variable aleatoria Y son:

- La *función de masa* de la variable aleatoria Y es:

$$P(Y = k) = P(X = k - r)$$
$$= \binom{k-1}{k-r}(1-p)^{k-r}p^r = \binom{k-1}{k-r}q^{k-r}p^r$$
$$= \binom{k-1}{r-1}(1-p)^{k-r}p^r = \binom{k-1}{r-1}q^{k-r}p^r$$

donde $k = r, r+1, r+2 \ldots$

- La *esperanza matemática* de la variable aleatoria $Y = X + r$ es:

$$E[Y] = E[X] + r = \frac{rq}{p} + r = \frac{r}{p}$$

- La *varianza* de la variable aleatoria Y es:

$$V(Y) = V(X) = \frac{rq}{p^2}$$

- La *función característica* de la variable aleatoria Y es tal que:

$$\varphi Y(t) = E[e^{it(X+r)}] = e^{itr}\varphi X(t) = \left(\frac{e^{it}p}{1 - qe^{it}}\right)^r \quad \forall t \in \mathbb{R}$$

Relaciones entre las distribuciones geométrica y binomial negativa

Una variable aleatoria geométrica corresponde al número de ensayos de Bernoulli necesarios para lograr el primer éxito. Si se desea determinar el número de ensayos requeridos para alcanzar un número específico de éxitos, la variable aleatoria correspondiente es la binomial negativa, por lo tanto, la distribución binomial negativa es una generalización de la distribución geométrica al describir el número de ensayos de Bernoulli independientes y repetidos necesarios para lograr r éxitos. La distribución geométrica es un caso particular de la distribución binomial negativa cuando $r = 1$, así $X \sim G(p) = BN\,(1, p)$.

Ejemplo 4.5

Continuando con el Juego del Calamar del Ejemplo 4.4, ahora se permite al juga-dor cometer un error. Es decir, si el jugador elige un panel de vidrio normal, no caerá de inmediato; solo caerá si vuelve a seleccionar un panel de vidrio normal en el siguiente paso. Se asume que se es el tercer jugador en el juego del puente de vidrio y, gracias a los dos jugadores anteriores, se ha logrado avanzar hasta el tercer paso (ver Figura 2.6). Se pide:

1. *Calcular la probabilidad de supervivencia.*
2. *Calcular la probabilidad de caer en su tercer intento.*

1. En este caso, la variable aleatoria X que representa el número de pasos salta-dos hasta cometer dos errores es una variable aleatoria con distribución bino-mial Negativa de parámetros $r = 2$ y $p = \frac{1}{2}$, tal que $X \sim BN(2, \frac{1}{2})$.

   La probabilidad de supervivencia se calcula de la siguiente manera:

   $$P(X > 15) = 1 - \sum_{k=2}^{15} \binom{k-1}{2-1} \cdot \left(1 - \frac{1}{2}\right)^{k-2} \cdot \left(\frac{1}{2}\right)^2 = 1 - 0.9995 = 0.05\%$$

2. La probabilidad de caer en su tercer intento es:

   $$P(X = 3) = \binom{3-1}{2-1}\left(1 - \frac{1}{2}\right)^{3-2}\left(\frac{1}{2}\right)^2 = 2 \cdot \left(\frac{1}{2}\right)^3 = 25\%$$

4.7. Distribución de Poisson

La distribución binomial permite conocer la probabilidad de obtener k éxitos en n intentos. En algunas ocasiones, el número de intentos, n, es desconocido, pero se dispone de la esperanza en un determinado periodo de tiempo o en una región del espacio fija en la que se realiza el experimento. Así, si se quiere estudiar el número de llamadas atendidas en una centralita durante 24 horas de un día concreto, no es posible replicar el experimento cada minuto del día, lo que se hace es observar el número medio de llamadas que se atienden en distintos días con las mismas carac-terísticas y se define la variable aleatoria número de éxitos en una determinada uni-dad de tiempo a través de una variable aleatoria con *distribución de Poisson*, donde solo se necesita conocer su esperanza.

Se dice que una variable aleatoria X sigue una distribución de Poisson de parámetro λ ($\lambda > 0$), si describe el número de ocurrencias de un determinado fenómeno durante un periodo de tiempo fijo o en una región fija del espacio. Esta distribución se denota como $X \sim \mathcal{P}(\lambda)$, donde λ es el promedio de sucesos en cada unidad de tiempo.

La *función de masa* de una variable aleatoria $X \sim \mathcal{P}(\lambda)$ viene dada por:

$$P(X = k) = e^{-\lambda} \frac{\lambda^k}{k!}$$

donde $k = 0, 1, 2, \dots$ es el número de ocurrencias; e es el número de Euler (aproximadamente igual a 2.71828) y λ su esperanza matemática.

La Figura 2.8 presenta la función de masa de distintas variables aleatorias de Poisson.

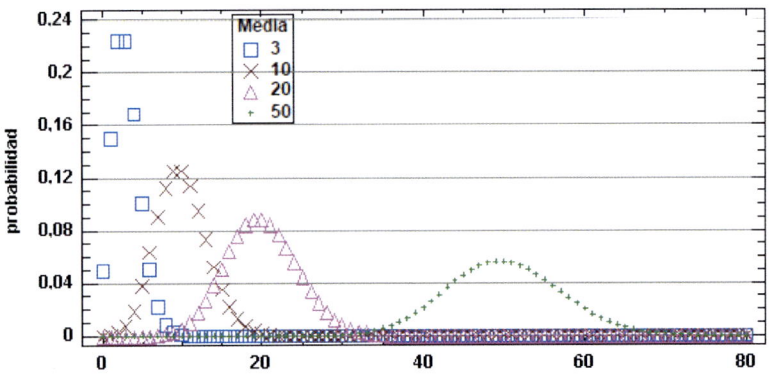

Figura 2.8. Función de masa de distintas variables aleatorias de Poisson.

La *esperanza matemática* de una variable aleatoria X con distribución de Poisson es el propio valor λ, tal que:

$$E[X] = \lambda$$

La *varianza* de una variable aleatoria X con distribución de Poisson es:
$$V(X) = \lambda$$

La *función característica* de una variable aleatoria X con distribución de Poisson, viene dada por:

$$\varphi X(t) = E[e^{itX}] = e^{-\lambda(e^{it}-1)} \quad \forall t \in \mathbb{R}$$

La distribución de Poisson es *reproductiva* respecto a su parámetro λ, este resultado se enuncia en el siguiente teorema.

Teorema 2.3. Sean $X_1, \ldots, X_m$ variables aleatorias independientes con distribución de Poisson, tales que $X_j \sim \mathcal{P}(\lambda_j)$ con $j = 1, \ldots, m$. Si todas están medidas en la misma unidad de tiempo, entonces, $S_m - \sum_{j=1}^{m} X_j$ es una variable aleatoria con distribución de Poisson tal que:

$$S_m \sim \mathcal{P}\left(\sum_{j=1}^{m} \lambda_j\right)$$

S_m es una variable de Poisson con unidad de tiempo la misma que las definidas para cada una de las variables aleatorias del sumatorio.

Demostración 2.3

Para demostrar dicho teorema se utiliza la función característica de la distribución de Poisson.

La función característica de la nueva variable, S_m, es:

$$\varphi S_m(t) = E[e^{itS_m}] = E[e^{it\sum_{j=1}^{m} X_j}] = E[e^{itX_1} e^{itX_2} \ldots e^{itX_m}]$$

como $X_1, \ldots, X_m$ son variables aleatorias independientes,

$$E[e^{itX_1} e^{itX_2} \ldots e^{itX_m}] = E[e^{itX_1}] E[e^{itX_2}] \ldots E[e^{itX_m}] =$$

$$= \left(e^{-\lambda_1(e^{it}-1)}\right)\left(e^{-\lambda_2(e^{it}-1)}\right) \ldots \left(e^{-\lambda_m(e^{it}-1)}\right)$$

$$= e^{-(e^{it}-1)\sum_{j=1}^{m} \lambda_j}$$

Entonces,

$$S_m = \sum_{j=1}^{m} X_j \sim \mathcal{P}\left(\sum_{j=1}^{m} \lambda_j\right)$$

Cuando se quiere utilizar otra unidad de medida para contabilizar el número de éxitos se puede utilizar esta propiedad y considerar que la nueva variable es la suma de k variables independientes.

Relaciones entre las distribuciones binomial y de Poisson

Cuando una variable aleatoria X se distribuye según una binomial y el parámetro p es pequeño ($p \leq 0.1$) y el número de experimentos n es grande ($n \geq 30$), la distribución binomial se puede aproximar a una distribución de Poisson de parámetro $\lambda = np$. En general, se tiene que:

$$\text{Si } n \geq 30 \ \text{ y } \ p \leq 0.1 \Rightarrow B(n, p) \approx \mathcal{P}(np)$$

Cuando p es pequeño y n es grande, esta aproximación es conveniente, ya que con la distribución binomial aumentan las dificultades de cálculo.

Ejemplo 4.6

En una carretera se producen, en promedio, 2 accidentes al mes. Se pide:

1. *Determinar la distribución de la variable aleatoria X.*
2. *Calcular el número esperado de accidentes por mes.*
3. *Calcular la probabilidad de que este mes se produzcan más de 3 accidentes.*
4. *Calcular la probabilidad de que en dos meses se produzcan 4 accidentes.*

1. La variable aleatoria X que representa el número de accidentes por mes es una variable aleatoria con distribución de Poisson de parámetro $\lambda = 2$, tal que $X \sim \mathcal{P}(2)$.

2. El número esperado de accidentes por mes es: $E[X] = \lambda = 2$.

3. La probabilidad de que este mes se produzcan más de 3 accidentes es:

$$
\begin{aligned}
P(X > 3) &= 1 - P(X \leq 3) \\
&= 1 - \left(P(X = 0) + P(X = 1) + P(X = 2) + P(X = 3) \right) \\
&= 1 - e^{-2}\frac{2^0}{0!} - e^{-2}\frac{2^1}{1!} - e^{-2}\frac{2^2}{2!} - e^{-2}\frac{2^3}{3!} = 0.143
\end{aligned}
$$

4. Para resolver este apartado definimos una nueva variable $Y = X_1 + X_2$, siendo $X_1 \sim \mathcal{P}(2)$ y $X_2 \sim \mathcal{P}(2)$, la variable resultante es una distribución de Poisson de parámetro $\lambda = 4$ ($Y \sim \mathcal{P}(4)$). Entonces, la probabilidad de que en dos meses se produzcan 4 accidentes es: $P(X = 4) = e^{-4}\frac{4^4}{4!}$

4.8. Distribución uniforme discreta

La *distribución uniforme discreta* es una distribución de probabilidad discreta que describe un escenario donde un conjunto finito de resultados posibles tiene la misma probabilidad de ocurrir.

Se dice que una variable aleatoria X sigue una *distribución uniforme discreta* sobre n puntos, y se denota como $X \sim Ud(x_1, \ldots, x_n)$ si su *función de masa* se describe como:

$$P(X = x_i) = \frac{1}{n}, \text{ para todo } i = 1, 2, \ldots, n$$

La *función de distribución* de una variable aleatoria X con distribución uniforme discreta es:

$$F_X(x) = \begin{cases} 0 & x < x_1 \\ \dfrac{i-1}{n} & x_{i-1} \le x < x_i, \quad i = 2,\ldots,n \\ 1 & x \ge x_n \end{cases}$$

La *esperanza matemática* de una variable aleatoria X con distribución uniforme discreta es:

$$E[X] = \sum_{i=1}^{n} x_i \cdot P(X = x_i) = \frac{1}{n}\sum_{i=1}^{n} x_i = \bar{x}$$

La *varianza* de una variable aleatoria X con distribución uniforme discreta es:

$$V(X) = E[X^2] - E^2[X] = \frac{1}{n}\sum_{i=1}^{n} x_i^2 - \bar{x}^2 = \frac{1}{n}\sum_{i=1}^{n} (x_i - \bar{x})^2$$

Para el caso particular de la variable X definida sobre los primeros n números naturales se obtiene que la $E[X] = \frac{n+1}{2}$, y la $V(X) = \frac{n^2-1}{12}$.

Relaciones entre las distribuciones de Bernoulli y uniforme discreta

La distribución de Bernoulli con $p = \frac{1}{2}$ es un caso particular de la distribución uniforme discreta con dos resultados posibles (éxito o fracaso), en los cuales ambos tienen la misma probabilidad de ocurrir. Mientras que la distribución uniforme discreta puede generalizarse para abarcar más de dos resultados, en el caso de $n = 2$, la distribución uniforme discreta y la de Bernoulli son conceptualmente similares:

$$X \sim Ud(0,1) = Bernoulli\left(\frac{1}{2}\right)$$

Ejemplo 4.7

Una tienda tiene en stock 5 modelos diferentes de móviles. Un cliente elige uno de estos modelos al azar, y cada modelo tiene la misma probabilidad de ser elegido. Se pide:

1. *Determinar la distribución de la variable aleatoria X.*
2. *Calcular la probabilidad de que el cliente elija el tercer modelo.*

1. La variable aleatoria X que representa el número del modelo elegido por el cliente es una variable aleatoria con distribución uniforme discreta de parámetro $n = 5$, tal que $X \sim Ud(x_1, x_2, x_3, x_4, x_5)$.

2. La probabilidad de que el cliente elija el tercer modelo es $P(X = x_3) = \frac{1}{5} = 0.2$.

4.9. Distribución multinomial

La *distribución multinomial* es una distribución de probabilidad discreta que generaliza la distribución binomial a situaciones en las que se pueden observar más de dos resultados posibles. Se utiliza para modelar experimentos en los que se realizan n ensayos independientes y cada ensayo puede dar lugar a uno de los k resultados posibles, con probabilidades asociadas para cada resultado.

La distribución multinomial es útil para analizar situaciones en las que hay que elegir una característica entre al menos tres. Su aplicación abarca diversas áreas, desde la predicción de resultados en elecciones hasta la evaluación de las preferencias de los consumidores. Por ejemplo, un supermercado que desea investigar los hábitos de compra de sus clientes puede clasificar los productos en cinco categorías: productos frescos, productos enlatados, bebidas, productos de limpieza y el resto.

Al aplicar la distribución multinomial, el supermercado puede estimar la probabilidad de que un cliente adquiera productos de una, varias o todas las categorías durante su visita. Esta información es fundamental para mejorar la gestión del inventario y diseñar campañas de markerting que se alineen mejor con los hábitos de compra de los consumidores.

Se dice que una variable aleatoria $X = (X_1, X_2, \ldots, X_k)$ sigue una *distribución multinomial* si representa el número de ocurrencias de cada uno de los k resultados posibles en n ensayos independientes, donde cada resultado tiene una probabilidad fija de ocurrir, y se denota como $X \sim M(n;\ p_1, \ldots, p_k)$. Su función de masa se describe como:

$$P(X_1 = x_1, X_2 = x_2, \ldots, X_k = x_k) = \frac{n!}{x_1!\, x_2! \ldots x_k!} p_1^{x_1} p_2^{x_2} \ldots p_k^{x_k}$$

donde n es el número total de ensayos; x_i es el número de veces que se produce el i-ésimo resultado; p_i es la probabilidad de que ocurra el i-ésimo resultado en un ensayo, cumpliendo que $p_1 + p_2 + \ldots + p_k = 1$.

La esperanza matemática de una variable aleatoria X_i es:

$$E[X_i] = np_i$$

La *varianza* de una variable aleatoria X_i es:

$$V(X_i) = np_i(1 - p_i)$$

Ejemplo 4.8

En una caja hay 3 bolas rojas, 2 azules y 5 verdes. Si se decide seleccionar al azar 5 bolas con reemplazamiento, ¿cuál es la probabilidad de seleccionar 2 bolas rojas, 2 azules y 1 verde?

En este caso, como se seleccionan 5 bolas, $n = 5$. Hay tres resultados: rojo, azul y verde, con sus respectivas probabilidades basadas en la composición de la caja.

La probabilidad de seleccionar una bola roja es: $p_1 = \frac{3}{10}$

La probabilidad de seleccionar una bola azul es: $p_2 = \frac{2}{10}$

La probabilidad de seleccionar una bola verde es: $p_3 = \frac{5}{10}$

La distribución multinomial se denota como $X \sim M(5; \frac{3}{10}, \frac{2}{10}, \frac{5}{10})$. La probabilidad de seleccionar 2 bolas rojas, 2 azules y 1 verde es:

$$P(X_1 = 2, X_2 = 2, X_2 = 1) = \frac{5!}{2!\,2!\,1!}\left(\frac{3}{10}\right)^2 \left(\frac{2}{10}\right)^2 \left(\frac{5}{10}\right)^1$$

$$= \frac{120}{2 \cdot 2 \cdot 1} \cdot \frac{9}{100} \cdot \frac{4}{100} \cdot \frac{5}{10} = 0.05$$

4.10. Ejercicios

Ejercicios resueltos

Ejercicio R. 4.1

La facultad adquiere grandes cantidades de borradores de pizarra para las clases. La decisión de aceptar o rechazar un lote se toma en función de una muestra de 500 unidades. El lote se rechaza si se encuentran cuatro o más unidades defectuosas. Calcular la probabilidad de rechazar el lote si contiene un 2% de componentes defectuosos.

Solución:

La variable aleatoria X que representa el número de unidades defectuosas en un lote de 500 es una variable aleatoria con distribución binomial de parámetros $n = 500$, y $p = 0.02$, tal que $X \sim B(500, 0.02)$.

Como n es grande y p es pequeño, $X \sim B(500, 0.02) \approx P(10)$
La probabilidad de interés es:

$$P(X \geq 4) = 1 - P(X < 4) = 1 - (P(X = 0) + P(X = 1) + P(X = 2) + P(X = 3))$$
$$= 1 - e^{-10}\frac{10^0}{0!} - e^{-10}\frac{10^1}{1!} - e^{-10}\frac{10^2}{2!} - e^{-10}\frac{10^3}{3!} = 1 - e^{-10} \cdot 227.67$$
$$= 1 - 0.0103 = 0.9897$$

Esto indica que hay una muy alta probabilidad de que el lote sea rechazado en este caso.

Ejercicio R. 4.2

Una compañía manufacturera utiliza un esquema para la aceptación de los artículos producidos antes de ser embarcados. El plan es de dos etapas. Se preparan cajas de 25 para embarque y se selecciona una muestra de 3 para verificar si tienen algún artículo defectuoso. Si se encuentra uno, la caja entera se regresa para verificarla al 100%. Si no se encuentra ningún artículo defectuoso, la caja se embarca.

1. ¿Cuál es la probabilidad de que se embarque una caja que tiene tres artículos defectuosos?

2. ¿Cuál es la probabilidad de que una caja que contiene solo un artículo defectuoso se regrese para verificación?

Solución:

1. La variable aleatoria X que representa el número de unidades defectuosas extraídas sin remplazamiento en un lote de 25.

   Si hay tres artículos defectuosos, la probabilidad de embarcar la caja es la probabilidad de que en la muestra de tres artículos no haya ninguno defectuoso.

   $$P(X = 0) = \frac{22}{25} \cdot \frac{21}{24} \cdot \frac{20}{23} \approx 0.67$$

   Esta variable aleatoria se puede aproximar por una distribución binomial si consideramos que la extracción es con remplazamiento, $X \sim B(500, \frac{3}{25})$. En este caso la $P(X = 0) = \binom{3}{0}\left(\frac{3}{25}\right)^0 \left(1 - \frac{3}{25}\right)^3 \approx 0.68$

2. La probabilidad de extraer el único artículo defectuoso se calcula como la probabilidad de que uno de los artículos extraído sea el defectuoso:

   $$P(X = 1) = \frac{1}{25} \cdot \frac{24}{24} \cdot \frac{23}{23} + \frac{24}{25} \cdot \frac{1}{24} \cdot \frac{23}{23} + \frac{24}{25} \cdot \frac{23}{24} \cdot \frac{1}{23} = 0.12$$

   En este caso no importa que sea con remplazamiento o no, puesto que solo hay un artículo defectuoso.

Ejercicio R. 4.3

Las personas que intentan acceder a la página web de la UCM tienen problemas de acceso, de media, una vez cada 5 intentos. Suponiendo que cada intento de acceso es independiente del anterior:

1. ¿Cuál es la probabilidad de que un individuo no tenga éxito hasta el cuarto intento?

2. ¿Cuál es la probabilidad de que el primer intento con éxito sea del séptimo en adelante?

Solución:

1. La variable aleatoria X representa el número de veces que tienen problema de acceso a la web hasta el primer éxito. Si suponemos que la probabilidad de éxito es $1 - \frac{1}{5}$ ($\frac{1}{5}$ es la estimación que se hace de la probabilidad de fracaso), entonces, $X \sim G(\frac{1}{5})$.

   La probabilidad de que un individuo no tenga éxito hasta el cuarto intento significa que los tres primeros han sido fracasos.

$$P(X = 3) = \frac{1}{5} \cdot \frac{1}{5} \cdot \frac{1}{5} \cdot \frac{4}{5} = \left(\frac{1}{5}\right)^3 \cdot \frac{4}{5} = 0.0064$$

2. Si el éxito se ha producido a partir del séptimo, debemos de calcular la probabilidad de que al menos haya habido fallo en 6 ocasiones.

$$P(X \geq 6) = \sum_{i=6}^{\infty} \left(\frac{1}{5}\right)^i \cdot \frac{4}{5} = \frac{4}{5} \cdot \sum_{i=6}^{\infty} \left(\frac{1}{5}\right)^i = \frac{4}{5} \cdot \left(\frac{\left(\frac{1}{5}\right)^6}{1 - \frac{1}{5}}\right) = \frac{1}{15625} = 0.000064$$

Ejercicio R. 4.4

Dos jugadores de baloncesto están realizando mates. Uno de ellos dice que hasta que el otro no enceste cinco veces no se van de la cancha. Sabiendo que la probabilidad de encestar es $\frac{45}{100}$. Se pide:

1. Calcular la probabilidad de que al décimo mate se marchen.

2. Calcular el número medio de mates que deben hacer antes de marcharse.

Solución:

1. La variable aleatoria X representa el número de veces que el otro jugador falla hasta encestar 5 veces, y sabemos que la probabilidad de éxito es $\frac{45}{100}$.

$X \sim BN(5, \frac{45}{100})$

La probabilidad de que un individuo no tenga éxito hasta el cuarto intento significa que los tres primeros han sido fracasos.

$$P(X = 5) = \binom{10 - 1}{5 - 1} \left(\frac{45}{100}\right)^5 \left(\frac{55}{100}\right)^{10-5}$$

$$= 126 \cdot \left(\frac{45}{100}\right)^5 \left(\frac{55}{100}\right)^5 \approx 0.117$$

2. El número medio de mates es la esperanza matemática del número de fracasos $E[X]$ más el número de éxitos.

$E[X] = \frac{r(1-p)}{p} = \frac{5 \cdot \frac{55}{100}}{\frac{45}{100}} = 6.11$ es el número medio de fracasos, por lo tanto, el número medio de mates será $6.11 + 5 = 11.11$

Ejercicios propuestos

Ejercicio P. 4.1

En un determinado hospital nacen una media de siete varones por semana.

1. Calcular la probabilidad de que nazcan menos de 3 varones en una semana.
2. Probabilidad de que no nazca ningún varón en un día.
3. Probabilidad de que nazcan entre 6 y 8 varones en una semana.

Ejercicio P. 4.2

Se lanza un dado perfecto. Se pide:

1. Calcular la probabilidad de sacar una cara par.
2. Calcular la probabilidad de sacar un valor mayor que 3 y menor que 5.

Ejercicio P. 4.3

En una porra de 100 números ganas 50€ si el número coincide con los dos últimos dígitos del número premiado en la lotería.

1. Cuánto deben de pagar para apostar a un número, si queremos que cuando se repartan los premios quede un bote de 10€.
2. Si apuesto a 10 números, probabilidad de obtener el premio.

Ejercicio P. 4.4

Los artículos en venta en unos grandes almacenes se someten al control diario y, se estima que la probabilidad de que en un día se venda un artículo defectuoso es de $\frac{1}{30}$. Determinar la probabilidad de que en un día que se hayan vendido 50 artículos:

1. Dos o más sean defectuosos.
2. Cinco sean defectuosos.
3. Como mucho tres sean defectuosos.
4. El primer defectuoso que se vendió fue el último artículo vendido.

Ejercicio P. 4.5

Los trabajos que realiza un ordenador se ejecutan en orden de llegada, sabiendo que ejecuta, en media, 2 tareas por microsegundo. Se pide:

1. Calcular la probabilidad de realizar más de 3 tareas en 2 microsegundos.

2. Calcular el número medio de tareas que realiza en 4 microsegundos.

3. Calcular la probabilidad de que el tiempo de ejecución de una tarea sea mayor de un microsegundo

4. Calcular la probabilidad de realizar 6 tareas en menos de 4 microsegundos.

Ejercicio P. 4.6

En una encuesta realizada a 500 alumnos de la Facultad de Estudios Estadísticos sobre la idoneidad de determinada norma, 220 alumnos se pronuncian en contra. Calcular la probabilidad de obtener un número mayor o igual a 220 si la población está dividida al 50%.

Ejercicio P. 4.7

En un examen de 30 preguntas tipo test con tres opciones cada una de ellas, calcular la probabilidad de que, contestando de forma aleatoria, al menos el 50% estén correctas.

Ejercicio P. 4.8

Para realizar una promoción, un determinado comercio compra un paquete de 100 papeletas de las cuales 20 están premiadas. Calcular:

1. Se elige una papeleta y esta está premiada, probabilidad de que sean necesarias 5 extracciones más para obtener otra papeleta premiada (suponer sin remplazamiento).

2. En un experimento con remplazamiento, probabilidad de que salgan 3 papeletas no premiadas antes de conseguir la segunda papeleta premiada.

3. Si queremos regalarle a un cliente un lote de 15 papeletas, ¿cuál es el número medio de papeletas premiadas en el lote?

Ejercicio P. 4.9

Las probabilidades de que un turista llegue a Madrid son: 0.20 en avión, 0.30 en tren y el resto por carretera. Se pide:

1. Calcular la probabilidad de que, en un grupo de 25 turistas, 10 hayan llegado por carretera.

2. Calcular la probabilidad de que, en un grupo de 12 turistas, 6 hayan llegado por carretera y 3 por avión.

Ejercicio P. 4.10

En una urna hay 15 bolas rojas y 35 bolas azules, para un total de 50 bolas. Se extraen al azar 8 bolas sin reemplazo. Se pide:

1. ¿Cuál es la probabilidad de que, de las 8 bolas extraídas, 5 sean rojas?
2. ¿Cuál es la probabilidad de que, de las 8 bolas extraídas, al menos 3 sean rojas?

4.11. Evaluación

Todos los estudiantes del Grado en Estadística Aplicada y del Grado en Ciencia de los Datos Aplicada de la UCM, matriculados en la asignatura de Azar y Probabilidad, tienen acceso al Campus Virtual para responder una serie de preguntas seleccionadas aleatoriamente del banco de preguntas, con el fin de obtener la calificación de la evaluación continua.

Este manual está disponible en el repositorio de la UCM, por lo que se ha dispuesto una autoevaluación para cualquier persona interesada en la asignatura, utilizando el mismo banco de preguntas del Campus Virtual, accesible en Google Forms a través del siguiente enlace: https://forms.gle/yG4oPxQn52nKS7wx7.

Tema 5. Distribuciones continuas

En este tema, se presentan las principales distribuciones continuas y sus características. Se abordarán las distribuciones continuas más relevantes, como la **distribución normal**, la **distribución exponencial**, la **distribución gamma** y la **distribución uniforme**, entre otras, destacando sus propiedades y aplicaciones prácticas. La Tabla 2.2 resume la función de densidad, la esperanza matemática, la varianza y la función característica de las distribuciones presentadas en este tema. A través de ejemplos, se facilitará la comprensión de las diferencias entre estas distribuciones, así como la identificación de la más adecuada para resolver problemas en diversos contextos.

Tabla 2.2. Distribuciones continuas

Distri-bución	Función de densidad	Esperanza mate-mática	Varianza	Función ca-racterística
Normal $X \sim N(\mu, \sigma)$	$f(x) = \dfrac{1}{\sigma\sqrt{2\pi}} e^{-\frac{(x-\mu)^2}{2\sigma^2}}$ $\forall x \in \mathbb{R}$	μ	σ^2	$e^{it\mu - \frac{\sigma^2 t^2}{2}}$
Uniforme $X \sim U(a, b)$	$f(x) = \begin{cases} \frac{1}{b-a} & \text{si } x \in [a,b] \\ 0 & \text{en otro caso} \end{cases}$	$\dfrac{a+b}{2}$	$\dfrac{(b-a)^2}{12}$	$\dfrac{e^{itb} - e^{ita}}{it(b-a)}$
Expo-nencial $X \sim Exp(\lambda)$	$f(x) = \begin{cases} \lambda e^{-\lambda x} & \text{si } x > 0 \\ 0 & \text{en otro caso} \end{cases}$	$\dfrac{1}{\lambda}$	$\dfrac{1}{\lambda^2}$	$\dfrac{1}{1 - \frac{1}{\lambda}it}$
Gamma $X \sim \gamma(\alpha, \lambda)$	$f(x) = \dfrac{\lambda^\alpha}{\Gamma(\alpha)} x^{\alpha-1} e^{-\lambda x}$ $x > 0$	$\dfrac{\alpha}{\lambda}$	$\dfrac{\alpha}{\lambda^2}$	$\left(\dfrac{1}{1 - \frac{1}{\lambda}it}\right)^\alpha$
Beta $X \sim \beta(\alpha, \beta)$	$f(x) = \dfrac{\Gamma(\alpha+\beta)}{\Gamma(\alpha)\Gamma(\beta)} x^{\alpha-1}(1-x)^{\beta-1}$ $x \in (0,1)$	$\dfrac{\alpha}{\alpha+\beta}$	$\dfrac{\alpha\beta}{(\alpha+\beta)^2(\alpha+\beta+1)}$	no existe en forma cerrada

Fuente: elaboración propia.

https://dx.doi.org/10.5209/docm.004.05
Jugando con el azar: fundamentos para la estadística aplicada y la ciencia de datos. María Ángeles Medina Sánchez, Ziwei Shu, Rosario Susi García y Rosa Espínola Vílchez. © Ediciones Complutense, 2025.

5.1. Distribución normal

Distribución normal

La variable aleatoria normal es la más importante de las distribuciones continuas. La *distribución normal*, también conocida como *distribución de Gauss*, es una distribución de probabilidad continua que se caracteriza por su forma de campana. Aunque *Abraham de Moivre* (1667-1754) fue el primero en reconocer la distribución normal, fue *Carl Friedrich Gauss* (1777-1855) quien realizó desarrollos más profundos y formuló la ecuación que describe esta curva.

Se dice que una variable aleatoria absolutamente continua X sigue una *distribución normal* de parámetros μ y σ, y se denota como $X \sim N(\mu, \sigma)$, si su función de densidad viene dada por:

$$f(x) = \frac{1}{\sigma\sqrt{2\pi}} e^{-\frac{(x-\mu)^2}{2\sigma^2}} \qquad \forall x \in \mathbb{R}$$

La función de densidad de una variable aleatoria X con distribución normal es una curva simétrica cuya forma se asemeja a una campana, comúnmente conocida como *campana de Gauss*. Cuando X toma valores inferiores a la media, la función de densidad $f(x)$ es creciente; y cuando X toma valores superiores a la media, $f(x)$ es decreciente (ver Figuras 2.9 y 2.10).

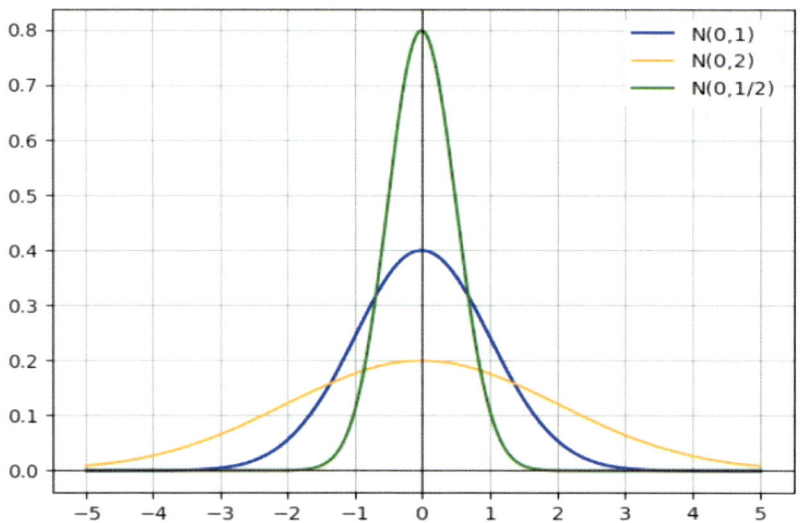

Figura 2.9. Ejemplos de la distribución normal.

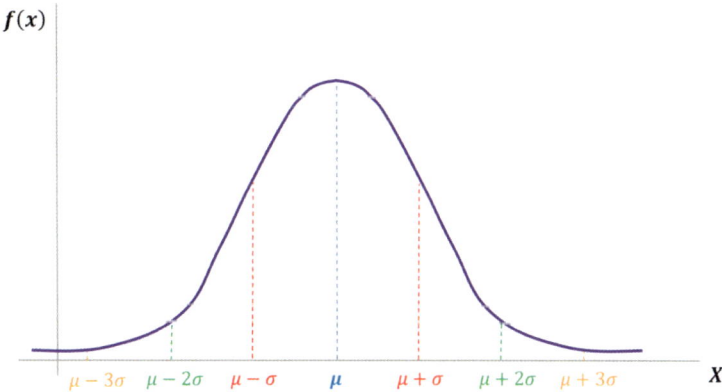

Figura 2.10. Función de densidad de la distribución normal $X{\sim}N\ (\mu, \sigma)$.

La simetría de la función de densidad implica que está centrada en su media. En una distribución normal, la media, la mediana y la moda coinciden. La dispersión de los datos se mide a través de la desviación estándar, que define la amplitud de la curva (no se debe confundir dispersión con apuntamiento, el apuntamiento de las variables aleatorias normales siempre es constante y la dispersión es un parámetro que varía de unas a otras).

La *esperanza matemática* de una variable aleatoria X con distribución normal es:

$$E[X] = \mu$$

La *varianza* de una variable aleatoria X con distribución normal es σ^2.

La *función característica* de una variable aleatoria X con distribución normal de parámetros μ y σ, es:

$$\varphi X(t) = E[e^{itX}] = e^{it\mu - \frac{\sigma^2 t^2}{2}} \quad \forall t \in \mathbb{R}$$

El parámetro μ es el valor con la mayor densidad de probabilidad, indica su esperanza, y el parámetro σ representa su dispersión.

Teorema 2.4. La distribución normal es reproductiva respecto a ambos parámetros. Es decir, sean $X_1, \ldots, X_m$ variables aleatorias independientes con distribución normal, tale que $X_j{\sim}N(\mu_j, \sigma_j)$ con $j = 1, \ldots, m$. Entonces, $S_m = \sum_{j=1}^{m} X_j$ es una variable aleatoria con distribución normal tal que:

$$S_m \sim N\left(\sum_{j=1}^{m} \mu_j, \sqrt{\sum_{j=1}^{m} \sigma_j^2}\right)$$

Demostración 2.4

Para su demostración se utiliza la función característica de una variable aleatoria con distribución normal.

$$X_j \sim N(\mu_j, \sigma_j) \Rightarrow \varphi X_j(t) = E[e^{itX_j}] = e^{it\mu_j - \frac{\sigma_j^2 t^2}{2}} \quad \forall t \in \mathbb{R}$$

La función característica de la nueva variable, S_m, es:

$$\varphi S_m(t) = E[e^{itS_m}] = E[e^{it\sum_{j=1}^{m} X_j}] = E[e^{itX_1} e^{itX_2} \ldots e^{itX_m}]$$

como $X_1, \ldots, X_m$ son variables aleatorias independientes,

$$E[e^{itX_1} e^{itX_2} \ldots e^{itX_m}] = E[e^{itX_1}]E[e^{itX_2}] \ldots E[e^{itX_m}]$$

$$= \prod_{j=1}^{m}\left(e^{it\mu_j - \frac{\sigma_j^2 t^2}{2}}\right) = e^{\sum_{j=1}^{m} it\mu_j - \frac{\sigma_j^2 t^2}{2}}$$

$$= e^{it\sum_{j=1}^{m} \mu_j - \frac{t^2 \sum_{j=1}^{m} \sigma_j^2}{2}}$$

Entonces,

$$S_m = \sum_{j=1}^{m} X_j \sim N\left(\sum_{j=1}^{m} \mu_j, \sqrt{\sum_{j=1}^{m} \sigma_j^2}\right)$$

Como consecuencia del teorema anterior, si $\bar{X}_m = \frac{1}{m}\sum_{j=1}^{m} X_j$, donde $X_1, \ldots, X_m$ son v.a.i.i.d con distribución normal ($X_j \sim N(\mu, \sigma)$ para $j = 1, \ldots, m$), entonces,

$$S_m \sim N\left(\mu, \frac{\sigma}{\sqrt{m}}\right)$$

Algunas propiedades de la distribución normal

1. La distribución normal es *simétrica* alrededor de su media (μ). Es decir, la probabilidad de que una variable tome un valor mayor o menor que la media es la misma, $P(X \leq \mu - c) = P(X \geq \mu \mp c)$.

2. En la distribución normal, la moda y la mediana son iguales a la media (μ) y se encuentran en el centro de la curva.

3. *Regla Empírica (regla 68-95-99.7)*: En una distribución normal:

    *   Aproximadamente el 68% de los valores cae dentro del intervalo $[\mu - \sigma, \mu + \sigma]$.

    *   Aproximadamente el 95% de los valores cae dentro del intervalo $[\mu - 2\sigma, \mu + 2\sigma]$.

    *   Aproximadamente el 99.7% de los valores cae dentro del intervalo $[\mu - 3\sigma, \mu + 3\sigma]$.

4. Todos los momentos respecto al origen de orden impar de una variable aleatoria con distribución normal estándar, $N(0,1)$, son cero.

5. Sea X una variable aleatoria con distribución normal $X \sim N(\mu, \sigma)$. Sea Y una transformación lineal de la variable aleatoria X dada por $Y = aX + b$ con $a, b \in \mathbb{R}$. Entonces, la variable aleatoria Y también se distribuye según una Normal de parámetros $a\mu + b$ y $a\sigma$, tal que $Y \sim N(a\mu + b, a\sigma)$.

    La demostración se realiza mediante la función característica:

$$\varphi Y(t) = E[e^{itY}] = E[e^{it(aX+b)}] = e^{itb}E[e^{itaX}] = e^{itb}e^{ita\mu - \frac{\sigma^2 t^2 a^2}{2}}$$

$$= e^{it(b+a\mu) - \frac{\sigma^2 t^2 a^2}{2}} \Rightarrow Y \sim N(a\mu + b, a\sigma) \quad \forall t \in \mathbb{R}$$

Distribución normal estándar

Un caso particular de la distribución normal es la *normal estándar*. Se dice que una variable aleatoria absolutamente continua X sigue una *distribución normal estándar*, y se denota como $X \sim N(0,1)$, si su función de densidad viene dada por:

$$f(x) = \frac{1}{\sqrt{2\pi}} e^{-\frac{x^2}{2}} \quad \forall x \in \mathbb{R}$$

Como se muestra en la Figura 2.11, la distribución $N(0,1)$ se caracteriza por centrarse en el cero, es decir $E[X] = \mu = 0$ y tener una desviación típica de 1, tal que $\sigma = 1$. Prácticamente toda la probabilidad de la variable aleatoria $X \sim N(0,1)$ se concentra en el intervalo $[-3, 3]$ ($F(3) = 0.9987$ y $F(-3) = 0.0013$).

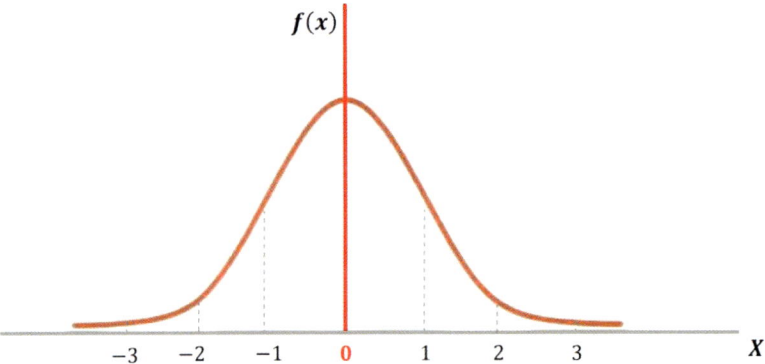

Figura 2.11. Distribución normal estándar $X\sim N\,(0,1)$.

Tipificación: cualquier distribución normal puede ser transformada en una distribución normal estándar (con media 0 y desviación estándar 1). Habitualmente se denomina Z a la variable aleatoria tipificada cuya distribución es una normal estándar. La transformación de una distribución $X\sim N\,(\mu,\sigma)$ en una $N\,(0,1)$ se llama tipificación de la variable X y viene dada por la siguiente expresión:

$$Z = \frac{X - \mu}{\sigma}$$

Una de las utilidades que tiene el tipificar la variable aleatoria X es el cálculo de la probabilidad en cualquier intervalo.

La función de distribución de una variable aleatoria $N\,(\mu,\sigma)$ viene dada por la expresión:

$$F_X(x) = \int_{-\infty}^{x} \frac{1}{\sigma\sqrt{2\pi}}\, e^{-\frac{(t-\mu)^2}{2\sigma^2}}\, dt$$

Esta integral es una función impropia y por lo tanto no existe una expresión algebraica.

Para calcular el valor de la función de distribución en cualquier punto x, es necesario realizar la integral utilizando algún algoritmo de cálculo numérico. Como cualquier variable aleatoria $N\,(\mu,\sigma)$ se puede transformar en una $N\,(0,1)$. Entonces,

$$F_X(x) = P(X \le x) = P\left(\frac{X - \mu}{\sigma} \le \frac{x - \mu}{\sigma}\right) = P\left(Z \le \frac{x - \mu}{\sigma}\right)$$

Ahora, ya solo es necesario la función de distribución de la N $(0, 1)$, y estos valores se pueden encontrar tabulados o calcularse mediante un algoritmo.

Para determinar la probabilidad en un intervalo, el proceso de tipificación es tal que:

$$P(a \leq X \leq b) = P\left(\frac{a-\mu}{\sigma} \leq \frac{X-\mu}{\sigma} \leq \frac{b-\mu}{\sigma}\right) = P\left(\frac{a-\mu}{\sigma} \leq Z \leq \frac{b-\mu}{\sigma}\right)$$
$$= P\left(Z \leq \frac{b-\mu}{\sigma}\right) - P\left(Z \leq \frac{a-\mu}{\sigma}\right)$$

Ejemplo 5.1

La capacidad del ascensor de la facultad está limitada a un peso máximo de 320 kilogramos para sus cuatro ocupantes. Dado que el peso de una persona sigue una distribución normal $N(75, 8)$, se desea calcular la probabilidad de que el peso total de cuatro personas supere los 320 kilogramos.

Si el peso de una persona sigue una distribución normal $N(75, 8)$, la muestra de 4 personas sigue una distribución normal $N(300, \sqrt{256}) \equiv N(300, 16)$.

Entonces, la probabilidad de que el peso total de cuatro personas supere los 320 kilogramos se calcula como:

$$P(X_1 + X_2 + X_3 + X_4 > 320) = P(Y > 320) = P\left(\frac{Y-300}{16} > \frac{320-300}{16}\right)$$
$$= P(Z > 1.25) = 1 - P(Z \leq 1.25)$$
$$= 1 - 0.8944 = 0.1056$$

5.2. Relaciones entre algunas distribuciones discretas y la distribución normal

En la práctica, para simplificar los cálculos, algunas distribuciones discretas pueden aproximarse a una distribución normal, porque por el teorema central del límite, la suma de variables aleatorias independientes y con la misma distribución tiende a una distribución normal a medida que aumenta el tamaño de la muestra.

- Sea X una variable aleatoria con distribución binomial, $X \sim B(n, p)$. Cuando el número de experimentos n es grande ($n \geq 30$) y la probabilidad de éxito p no es demasiado cercana a 0 o 1 ($0.1 < p < 0.9$), se puede aproximar la distribución binomial a la distribución normal de la siguiente manera:

$$X \sim B(n, p) \approx N\left(np, \sqrt{npq}\right) \text{ siendo } n \geq 30 \text{ y } 0.1 < p < 0.9$$

- Sea X una variable aleatoria con distribución de Poisson, $X \sim P(\lambda)$. Cuando $\lambda > 10$, se puede aproximar la distribución de Poisson a la distribución normal de la siguiente manera:

$$X \sim P(\lambda) \approx N\left(\lambda, \sqrt{\lambda}\right) \text{ siendo } \lambda > 10$$

Debemos de tener en cuenta que cuando se aproxima una variable aleatoria discreta a una variable aleatoria continua hay que aplicar el *coeficiente de corrección por continuidad*. Es decir, cuando un punto de masa x se toma como un valor continuo, x es equivalente al intervalo $\left(x - \frac{1}{2}, x + \frac{1}{2}\right)$. Entonces, al calcular una probabilidad específica de una variable aleatoria discreta, aproximando su distribución a una distribución continua, se tiene que:

$$P(a \leq X \leq b) \approx P\left(a - \frac{1}{2} \leq X \leq b + \frac{1}{2}\right)$$
$$P(a < X < b) \approx P\left(a + \frac{1}{2} \leq X \leq b - \frac{1}{2}\right)$$

Por tanto,

$$P(X \leq b) \approx P\left(X \leq b + \frac{1}{2}\right)$$
$$P(X < b) \approx P\left(X \leq b - \frac{1}{2}\right)$$
$$P(X \geq a) \approx P\left(X \geq a - \frac{1}{2}\right)$$
$$P(X > a) \approx P\left(X \geq a + \frac{1}{2}\right)$$

Ejemplo 5.2

Una evaluación continua de una asignatura consiste en un test de 40 preguntas, que deben ser respondidas con "verdadero" o "falso". Se aprueba si se contestan correctamente al menos 20 preguntas. Un alumno responde al cuestionario de la evaluación continua lanzando una moneda al aire y contestando "verdadero" si sale cara y "falso" si sale cruz. Se pide:

1. *Calcular la probabilidad de aprobar esta evaluación.*
2. *Determinar la probabilidad de acertar más de 23 preguntas y menos de 30.*

1. La variable aleatoria X que representa el número de preguntas aciertas es una variable aleatoria con distribución binomial de parámetros $n = 40$, y $p = \frac{1}{2}$, tal que $X \sim B(40, \frac{1}{2})$.

    Como $n = 40$ y $p = \frac{1}{2}$, cumplen los requisitos para realizar la aproximación de la distribución binomial a la distribución normal. Entonces, $X \sim B(40, \frac{1}{2}) \approx N(20, \sqrt{10})$.

    La probabilidad de aprobar esta evaluación se calcula como:

    $$P(X \geq 20) \approx P(X \geq 19.5) = P\left(Z \geq \frac{19.5 - 20}{\sqrt{10}}\right) = P(Z \geq -0.16)$$
    $$= 1 - P(Z < -0.16) = 1 - 0.4364 = 0.5636$$

2. La probabilidad de acertar más de 23 preguntas y menos de 30 se calcula como:

    $$P(23 < X < 30) \approx P(23.5 \leq X \leq 29.5) = P\left(\frac{23.5 - 20}{\sqrt{10}} \leq Z \leq \frac{29.5 - 20}{\sqrt{10}}\right)$$
    $$= P(1.11 \leq Z \leq 3) = P(Z \leq 3) - P(Z \leq 1.11)$$
    $$= 0.9987 - 0.8665 = 0.1322$$

5.3. Distribución uniforme

La *distribución uniforme* es una distribución de probabilidad continua que asigna la misma probabilidad a todos los intervalos de igual longitud dentro de un intervalo definido. A diferencia de la distribución uniforme discreta (ver la sección 4.8), que solo asigna probabilidades a un conjunto finito de valores específicos, la distribución uniforme permite que cualquier intervalo dentro del intervalo de definición sea posible, lo que implica una función de densidad de probabilidad constante en todo el rango.

Se dice que una variable aleatoria absolutamente continua X sigue una *distribución uniforme* de parámetros a y b, y se denota como $X \sim U(a, b)$, cuando la probabilidad de que la variable aleatoria X pertenezca a cualquier intervalo (x, y) incluido en (a, b) es la misma si tienen igual longitud. De hecho, por ser X una variable aleatoria continua, el intervalo sobre el que se define X puede ser un intervalo abierto, semiabierto o cerrado, es decir:

$$X \sim U(a, b) = U[a, b] = U(a, b] = U[a, b)$$

La *función de densidad* de la variable aleatoria X con distribución uniforme es:

$$f(x) = \begin{cases} \dfrac{1}{b-a} & si\ x \in [a,b] \\ 0 & en\ otro\ caso \end{cases}$$

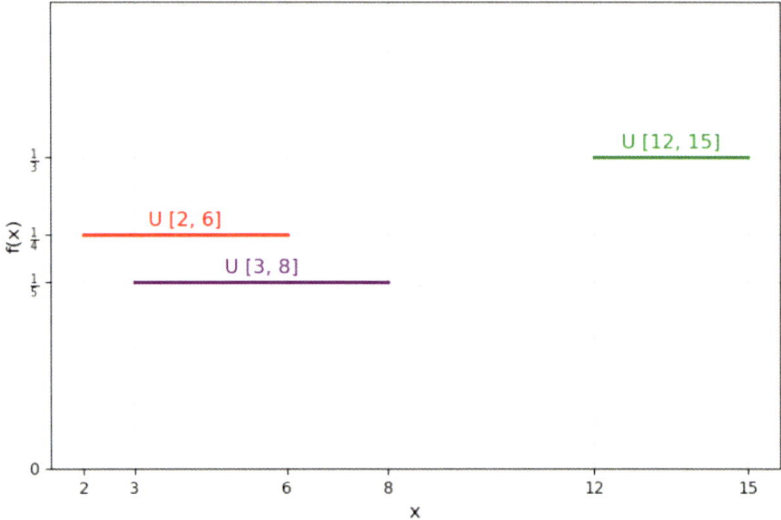

Figura 2.12. Ejemplos de la distribución uniforme.

A través de la función de densidad de la variable aleatoria X, se obtiene la *función de distribución* de la variable aleatoria $X \sim U(a, b)$ como:

$$F_X(x) = \int_a^x \frac{1}{b-a}\,dt = \begin{cases} 0 & si\ \ x < a \\ \dfrac{x-a}{b-a} & si\ \ a \le x \le b \\ 1 & si\ \ x > b \end{cases}$$

La *esperanza matemática* de una variable aleatoria X con distribución uniforme es:

$$E[X] = \frac{a+b}{2}$$

La *varianza* de una variable aleatoria X con distribución uniforme es:

$$V(X) = \frac{(b-a)^2}{12}$$

La *función característica* de una variable aleatoria X con distribución uniforme de parámetros a y b, es:

$$\varphi X(t) = E[e^{itX}] = \frac{e^{itb} - e^{ita}}{it(b-a)} \quad \forall t \in \mathbb{R}$$

Teorema 2.5. Sea X una variable aleatoria absolutamente con función de distribución $F_X(x)$. Sea $Y = F_X(x)$. Entonces, $Y \sim U(0,1)$.

Demostración 2.5

La variable aleatoria $Y = F_X(x)$ tomará valores en $(0,1)$. Entonces,

$P(Y \leq y) = P(F_X(x) \leq y) = P(X \leq F_X(y)^{-1}) = F_X(F_X(y)^{-1}) = y$ con $y \in (0,1)$

Ejemplo 5.3

El consumo familiar de manzanas sigue una distribución uniforme, con una media de 10 kilogramos y una varianza de 3 kilogramos al cuadrado. Se desea calcular la probabilidad de que dicho consumo oscile entre 5 y 10 kilogramos.

La variable aleatoria X que representa el peso de las manzanas consumidas es una variable aleatoria con distribución uniforme en el intervalo (a, b).

Sabiendo que $E[X] = \frac{a+b}{2} = 10$ y $V(X) = \frac{(b-a)^2}{12} = 3$

Entonces,

$$\begin{cases} a + b = 20 \\ (b - a)^2 = 36 \end{cases} \longmapsto [b - (20 - b)]^2 = 36 \longmapsto [2b - 20]^2 = 36$$

$$\Rightarrow b = 7 \text{ ó } b = 13$$

Considerando que, para la distribución uniforme $X \sim U(a, b)$, donde a es el límite inferior y b es el límite superior, ha de cumplir $a < b$. Por eso, $b = 13 \Rightarrow a = 7$. Por tanto, $X \sim U(7, 13)$, y la función de distribución de esta variable es:

$$F_X(x) = \begin{cases} 0 & si \ \ x < 7 \\ \dfrac{x - 7}{13 - 7} = \dfrac{x - 7}{6} & si \ \ 7 \leq x \leq 13 \\ 1 & si \ \ x > 13 \end{cases}$$

La probabilidad de que el consumo de manzanas oscile entre 5 y 10 kilogramos se calcula como:

$$P(5 \leq X \leq 10) = 0 + P(7 \leq X \leq 10) = P(X \leq 10) - P(X \leq 7)$$

$$= F_X(10) - F_X(7) = \frac{10 - 7}{6} - 0 = \frac{3}{6} = 0.5$$

5.4. Distribución exponencial

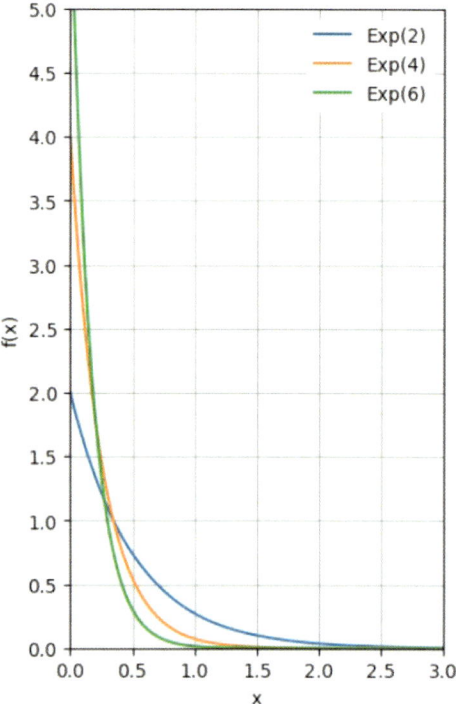

Figura 2.13. Ejemplos de la distribución exponencial.

La *distribución exponencial* es una distribución de probabilidad continua que se puede describir como el tiempo transcurrido entre dos sucesos consecutivos de Poisson. Su función de densidad decae exponencialmente a medida que el tiempo avanza. Además, está completamente definida por su parámetro λ, que representa el número de sucesos de Poisson por unidad de tiempo.

Se dice que una variable aleatoria absolutamente continua X sigue una *distribución exponencial* de parámetro λ, y se denota como $X \sim Exp\ (\lambda)$, si la variable aleatoria X describe el tiempo transcurrido entre dos sucesos consecutivos de Poisson, o el tiempo de espera hasta que ocurre el primer suceso de Poisson.

Sea N_x el número de sucesos de Poisson hasta el momento x, esta variable aleatoria es una Poisson de parámetro λx ($N_x \sim P\ (\lambda x)$). La probabilidad de que el tiempo de espera hasta que ocurre el primer suceso de Poisson sea mayor que x $\big(P(X > x)\big)$ es tal que:

$$P(X > x) = P(N_x < 1) = P(N_x = 0) = e^{-\lambda x} \quad \forall x > 0$$

Por tanto, la *función de distribución* de la variable aleatoria $X \sim Exp(\lambda)$ es:

$$F_X(x) = P(X \le x) = 1 - P(X > x) = \begin{cases} 1 - e^{-\lambda x} & si \ x > 0 \\ 0 & en \ otro \ caso \end{cases}$$

La *función de densidad* de la variable aleatoria X con distribución exponencial es:

$$f(x) = \begin{cases} \lambda e^{-\lambda x} & si \ x > 0 \\ 0 & en \ otro \ caso \end{cases}$$

La *esperanza matemática* de una variable aleatoria X con distribución exponencial es:

$$E[X] = \frac{1}{\lambda}$$

La *varianza* de una variable aleatoria X con distribución exponencial es:

$$V(X) = \frac{1}{\lambda^2}$$

La *función característica* de una variable aleatoria X con distribución exponencial de parámetro λ, es:

$$\varphi X(t) = E[e^{itX}] = \frac{1}{1 - \frac{1}{\lambda} it} \quad \forall t \in \mathbb{R}$$

Una propiedad muy importante de la distribución exponencial es la *propiedad de la pérdida de memoria*, que se refleja mediante la siguiente expresión:

$$P(X \ge x + h | X \ge x) = \frac{P(X \ge x + h)}{P(X \ge x)} = \frac{e^{-\lambda(x+h)}}{e^{-\lambda x}} = e^{-\lambda h} = P(X \ge h)$$

Ejemplo 5.4

El tiempo de revisión del ordenador del aula informática de la Facultad de Estudios Estadísticos sigue una distribución exponencial con una media de 20 minutos. Se pide:

1. *Calcular la probabilidad de que el tiempo de revisión sea menor de 10 minutos.*
2. *El costo de la revisión es de 25 euros por cada media hora o fracción. ¿Cuál es la probabilidad de que una revisión cueste 50 euros?*

1. Sabiendo que $E[X] = \frac{1}{\lambda} = 20 \Rightarrow \lambda = \frac{1}{20} \Rightarrow X \sim Exp\left(\frac{1}{20}\right)$

La función de distribución de la variable aleatoria $X \sim Exp\left(\frac{1}{20}\right)$ es:

$$F_X(x) = \begin{cases} 1 - e^{-\frac{1}{20}x} & si\ x > 0 \\ 0 & en\ otro\ caso \end{cases}$$

La probabilidad de que el tiempo de revisión sea menor de 10 minutos se calcula como:

$$P(X < 10) = F_X(10) = 1 - e^{-\frac{1}{20} \cdot 10} = 1 - e^{-\frac{1}{2}} = 1 - 0.6065 = 0.3935$$

2. Dado que el costo de la revisión es de 25 euros por cada media hora o fracción, un costo de 50 euros corresponde a un tiempo de revisión de 1 hora (ser inferior o igual a 60 minutos). Entonces, la probabilidad de que una revisión cueste 50 euros es:

$$P(30 < X \le 60) = P(X \le 60) - P(X < 30) = F_X(60) - F_X(30)$$

$$= \left(1 - e^{-\frac{1}{20} \cdot 60}\right) - \left(1 - e^{-\frac{1}{20} \cdot 30}\right)$$

$$= e^{-\frac{30}{20}} - e^{-\frac{60}{20}} = 0.2231 - 0.0498 = 0.1733$$

5.5. Distribución gamma

La *distribución Erlang* es una distribución de probabilidad continua que describe el tiempo transcurrido hasta el α - *ésimo* suceso de Poisson ($\alpha \in \mathbb{N}$).

Se dice que una variable aleatoria absolutamente continua X sigue una *distribución Erlang* de parámetros α y λ, con $\alpha > 0$ y $\lambda > 0$, y se denota como $X \sim Erlang\ (\alpha, \lambda)$, si la variable aleatoria X describe el tiempo transcurrido hasta el α - *ésimo* suceso de Poisson. El parámetro λ representa el número medio de sucesos de Poisson por unidad de tiempo.

La *función de densidad* de la variable aleatoria X con distribución Erlang es:

$$f(x) = \frac{\lambda^\alpha}{\Gamma(\alpha)} x^{\alpha-1} e^{-\lambda x} \qquad x > 0$$

La *distribución gamma* es una generalización de la distribución Erlang con $\alpha \in \mathbb{R}$. La función $\Gamma(\alpha)$ se denomina *función gamma de Euler* y se define como la integral impropia para todo $\alpha > 0$, dada por:

$$\Gamma(\alpha) = \int_0^\infty x^{\alpha-1} e^{-x} dx$$

Entre otras, esta función cumple las siguientes propiedades:

- $\Gamma(1) = 1$

- Si $\alpha > 1 \Rightarrow \Gamma(\alpha) = (\alpha - 1)\Gamma(\alpha - 1)$

- Si $\alpha \in \mathbb{N} \Rightarrow \Gamma(\alpha) = (\alpha - 1)!$

- $\Gamma\left(\dfrac{1}{2}\right) = \sqrt{\pi}$

La esperanza matemática de una variable aleatoria X con distribución gamma es:

$$E[X] = \frac{\alpha}{\lambda}$$

La *varianza* de una variable aleatoria X con distribución gamma es:

$$V(X) = \frac{\alpha}{\lambda^2}$$

La *función característica* de una variable aleatoria X con distribución gamma es:

$$\varphi X(t) = E[e^{itX}] = \left(\frac{1}{1 - \dfrac{1}{\lambda}it}\right)^{\alpha} \qquad \forall t \in \mathbb{R}$$

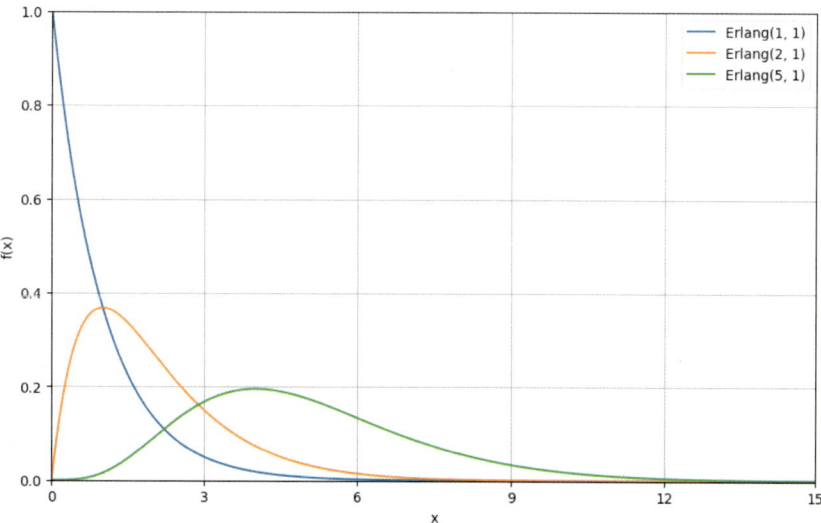

Figura 2.14. Ejemplos de la distribución Erlang.

Relaciones entre las distribuciones exponencial y gamma

La distribución exponencial $X \sim Exp\,(\lambda)$ es un caso particular de la distribución gamma con parámetro $\alpha = 1$, describe el tiempo hasta la *primera* ocurrencia de un evento, tiene una aplicación importante en situaciones donde se aplica el proceso de Poisson. Es decir, $X \sim Exp\,(\lambda) = \gamma\,(1, \lambda)$. La suma de n variables aleatorias independientes e idénticamente distribuidas de distribución exponencial sigue una distribución Erlang, tales que $X_i \sim Exp\,(\lambda)$ es una variable aleatoria *Erlang* (n, λ).

Ejemplo 5.5

Se supone que el tiempo, en horas, empleado diariamente en transporte público para ir a trabajar en Madrid, sigue una distribución gamma con parámetros $\alpha = 2$ y $\lambda = 2$. Se pide:

1. *Calcular el tiempo medio que tarda una persona en transporte público.*
2. *Calcular la probabilidad de que una persona emplee más de media hora en transporte público.*

1. El tiempo medio que tarda una persona en transporte público se calcula como:

$$E[X] = \frac{2}{2} = 1\ hora$$

2. Como $X \sim \gamma\,(2, 2)$, su función de densidad es:

$$f(x) = \frac{2^2}{\Gamma(2)} x^{2-1} e^{-2x} = 4xe^{-2x} \qquad x > 0$$

Entonces, $F_X(x) = 4\int_0^x xe^{-2x}dx = 1 - e^{-2x}(1 + 2x)$

La probabilidad de que una persona emplee más de media hora en transporte público se calcula como:

$$P\left(X > \frac{1}{2}\right) = 1 - P\left(X \le \frac{1}{2}\right) = 1 - F_X\left(\frac{1}{2}\right)$$

$$= 1 - \left(1 - e^{-2\cdot\frac{1}{2}}\left(1 + 2\cdot\frac{1}{2}\right)\right)$$

$$= 2e^{-1} \approx 0.7358$$

5.6. Distribución beta

La *distribución beta* es una distribución de probabilidad continua que se utiliza para modelar variables aleatorias acotadas entre 0 y 1. Como ejemplo de distribución beta es el cálculo de la fracción de tiempo que un servidor está ocupado, o la fiabilidad de un sistema. Su forma está determinada por dos parámetros, α y β, que aparecen como exponentes de la variable aleatoria y controlan la forma de la distribución.

Se dice que una variable aleatoria absolutamente continua X sigue una *distribución beta* de parámetros α y β, con $\alpha > 0$ y $\beta > 0$, y se denota como $X \sim \beta\,(\alpha, \beta)$, si la *función de densidad* de la variable aleatoria X viene dada por:

$$f(x) = \frac{\Gamma(\alpha + \beta)}{\Gamma(\alpha)\Gamma(\beta)} x^{\alpha-1}(1 - x)^{\beta-1} \qquad x \in (0, 1)$$

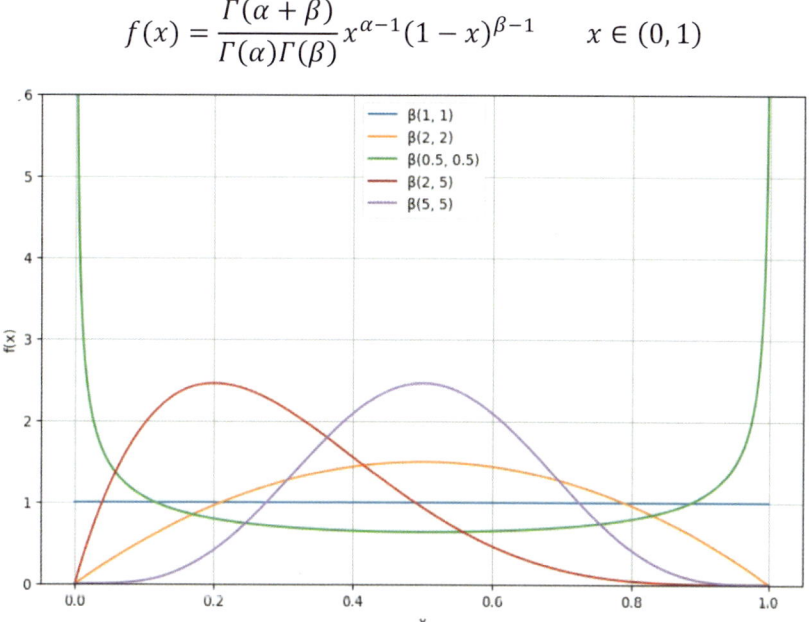

Figura 2.15. Ejemplos de la distribución beta.

La *esperanza matemática* de una variable aleatoria X con distribución beta es:

$$E[X] = \frac{\alpha}{\alpha + \beta}$$

La *varianza* de una variable aleatoria X con distribución beta es:

$$V(X) = \frac{\alpha\beta}{(\alpha + \beta)^2(\alpha + \beta + 1)}$$

Como casos particulares de la distribución beta se tiene que:

- Si $\alpha = 1$ y $\beta = 1 \Rightarrow f(x) = 1$ si $0 < x < 1 \Rightarrow X \sim U[0,1]$
- Sea X una variable aleatoria con distribución beta, tal que $X \sim \beta\,(\alpha, \beta)$. Entonces, $1 - X \sim \beta\,(\beta, \alpha)$.

Ejemplo 5.6

El almacén de la cafetería de la Facultad de Estudios Estadísticos llena su stock de patatas cada lunes. Se ha observado que la cantidad de patatas que necesitan cada semana para los platos del menú se puede modelar con una distribución beta, con parámetros $\alpha = 4$ y $\beta = 2$. Se pide:

1. *Calcular la media de la cantidad de patatas que se espera necesitar cada semana.*
2. *Calcular la probabilidad de que la cantidad de patatas que se necesite la próxima semana sea de al menos el 90% de la capacidad del almacén.*

1. La media de la cantidad de patatas que se espera necesitar cada semana se calcula como:

$$E[X] = \frac{4}{4 + 2} = \frac{2}{3}$$

2. Como $X \sim \beta\,(4, 2)$, su función de densidad es:

$$f(x) = \frac{\Gamma(4 + 2)}{\Gamma(4)\Gamma(2)} x^{4-1}(1 - x)^{2-1} = 20x^3(1 - x) \qquad x \in (0, 1)$$

La probabilidad de que la cantidad de patatas que se necesite la próxima semana sea de al menos el 90% de la capacidad del almacén se calcula como:

$$P(X > 0.9) = 20 \int_{0.9}^{1} x^3\,(1 - x)dx = 0.081$$

5.7. Ejercicios

Ejercicios resueltos

Ejercicio R. 5.1

La cantidad de café que una persona consume semanalmente (en centilitros) sigue una distribución uniforme entre 0 y 100. Se desea calcular la probabilidad de que el consumo de café este mes esté entre 20 y 35 centilitros. Además, se deben determinar la esperanza matemática y la varianza de dicha distribución.

Solución:

Sabiendo que la distribución es uniforme entre 0 y 100, los parámetros de la distribución son $a = 0$ y $b = 100$.
La función de densidad para esta variable aleatoria es:

$$f(x) = \begin{cases} \dfrac{1}{100} & si \ x \in [0, 100] \\ 0 & en \ otro \ caso \end{cases}$$

La función de distribución es:

$$F_X(x) = \begin{cases} 0 & si \ \ x < 0 \\ \dfrac{x - 0}{100 - 0} = \dfrac{x}{100} & si \ \ 0 \leq x \leq 100 \\ 1 & si \ \ x > 100 \end{cases}$$

La probabilidad de que el consumo de café esté entre 20 y 35 centilitros se calcula como:

$$P(20 \leq X \leq 35) = P(X \leq 35) - P(X \leq 20)$$
$$= F_X(35) - F_X(20)$$
$$= \frac{35}{100} - \frac{20}{100} = \frac{15}{100} = 0.15$$

La esperanza matemática es $E[X] = \frac{a+b}{2} = \frac{0+100}{2} = 50$

La varianza es $V(X) = \frac{(b-a)^2}{12} = \frac{(100-0)^2}{12} = 833.33$

Ejercicio R. 5.2

La duración en minutos de un examen final sigue una distribución exponencial con una media de 100 minutos. ¿Cuál es la probabilidad de que el examen final dure menos de 90 minutos? Si 100 alumnos realizan el examen final, ¿cuál es la probabilidad de que, tras 200 minutos, al menos 5 alumnos estén haciendo el examen?

Solución:

Sabiendo que, $E[X] = \frac{1}{\lambda} = 100 \Rightarrow \lambda = \frac{1}{100} \Rightarrow X \sim Exp\left(\frac{1}{100}\right)$

La función de distribución de la variable aleatoria $X \sim Exp\left(\frac{1}{100}\right)$ es:

$$F_X(x) = \begin{cases} 1 - e^{-\frac{1}{100}x} & si\ x > 0 \\ 0 & en\ otro\ caso \end{cases}$$

La probabilidad de que el examen final dure menos de 90 minutos se calcula como:

$$P(X < 90) = F_X(90) = 1 - e^{-\frac{1}{100}\cdot 90} = 1 - e^{-\frac{9}{10}} = 1 - 0.4066 = 0.5934$$

La *probabilidad* de que un alumno aún esté haciendo el examen tras 200 minutos es:

$$P(X \geq 200) = 1 - P(X < 200) = 1 - F_X(200) =$$

$$= 1 - (1 - e^{-\frac{1}{100}\cdot 200}) = e^{-2} = 0.1353$$

Como nos preguntan por la probabilidad de que al menos 5 alumnos estén realizando el examen, tenemos que utilizar una variable aleatoria discreta, en concreto, una binomial con $n = 100$, y $p = 0.1353$, es decir, $X \sim B(100, 0.1353)$.

En este caso, aunque n es grande, $p = 0.1353 > 0.1$, por lo que no es posible aproximar la distribución binomial a la de Poisson. Lo que se puede hacer es utilizar la aproximación de la distribución binomial a la normal, porque n es grande, $p = 0.1353 \in (0.1, 0.9)$.

$$\Rightarrow X \sim B(100, 0.1353) \approx N(13.53, \sqrt{11.70})$$

La probabilidad de interés es:

$$P(X \geq 5) \approx 1 - P(X \leq 4.5)$$

$$= 1 - P\left(Z \leq \frac{4.5 - 13.53}{\sqrt{11.70}}\right) = 1 - P(Z \leq -2.64)$$

$$= 1 - 0.0041 = 0.9959$$

Ejercicio R. 5.3

El diámetro de una pila debe ser de 50 cm, sin embargo, debido a un error que comete la máquina, este sigue una distribución $N(50, 0.5)$. Calcular:

1. Probabilidad de que al inspeccionar 5 pilas, 3 tengan un diámetro de más de 50.4 cm (la elección es **con reemplazamiento**).

2. Probabilidad de que la medida del diámetro de una pila cualquiera difiera de la media menos de 2 veces la desviación típica.

3. Probabilidad de tener que elegir al menos 5 pilas para que una de ellas tenga un diámetro menor de 49 cm.

Solución:

1. Probabilidad de que al inspeccionar 5 pilas, 3 tengan un diámetro de más de 50.4 cm. (la elección es con reemplazamiento). Lo primero que se debe hacer es definir la variable aleatoria $X \equiv$ {medida del diámetro de la pila} y calcular la probabilidad de que el diámetro sea de más de 50.4 cm.

$$P(X > 50.4) = P\left(Z > \frac{50.4 - 50}{0.5}\right) = 1 - P(Z \leq 0.8) =$$
$$= 1 - 0.7881 = 0.2119$$

Ahora se define la variable aleatoria $Y \equiv$ {número de pilas defectuosas} y se calcula la probabilidad pedida.

$$Y \sim B(5, 0.2119) \rightarrow P(Y = 3) = \binom{5}{3} 0.2119^3 \cdot (1 - 0.2119)^2 = 0.0591$$

2. Probabilidad de que la medida del diámetro de una pila cualquiera difiera de la media menos de 2 veces la desviación típica.

$$P(X \in (50 - 1;\ 50 + 1)) = P(X \in (49, 51)) = P\left(\frac{49 - 50}{0.5} \leq Z \leq \frac{51 - 50}{0.5}\right) =$$
$$= P(Z \leq 2) - P(Z \leq -2) = 0.9772 - (1 - 0.9772) = 0.9544$$

3. Probabilidad de tener que elegir al menos 5 pilas para que una de ellas tenga un diámetro menor de 49 cm. Para la resolución de este apartado es necesario calcular $P(X < 49)$ y definir la variable aleatoria $Z \equiv$ {número de extracciones hasta obtener el primer éxito} (éxito es que el diámetro de la pila sea menor de 49 cm.). Entonces,

$$P(X < 49) = P\left(Z < \frac{49 - 50}{0.5}\right)$$
$$= P(Z \leq -2) = 1 - 0.9772 = 0.0228$$

$$Z \sim \gamma(p), P(Z \geq 5) = \sum_{K=5}^{\infty} 0.0228 \cdot (1 - 0.0228)^{k-1} =$$

$$= 0.0228 \sum_{K=5}^{\infty} (1 - 0.0228)^{k-1} =$$

$$= 0.0228 \cdot \frac{(1-0.0228)^4}{0.0228} = (1 - 0.0228)^4 = 0.912$$

Ejercicio R. 5.4

La proporción de errores que se cometen en determinado identificador sigue una distribución beta de parámetros $(3, 2)$. Calcule la probabilidad de que la proporción sea menor de 0.4.

Solución:

Sabiendo que la función de densidad de la variable aleatoria $\beta(3,2)$ viene dada por:

$$f(x) = \frac{\Gamma(5)}{\Gamma(3)\Gamma(2)} x^2(1 - x) \qquad x \in (0, 1)$$

La probabilidad de que la proporción sea menor de 0.4 se calcula como:

$$\int_0^{0.4} \frac{\Gamma(5)}{\Gamma(3)\Gamma(2)} x^2(1 - x)dx = 4 \cdot 0.4^3 - 3 \cdot 0.4^4 = 0.179$$

Ejercicios propuestos

Ejercicio P. 5.1

La vida útil de una pieza de un portátil sigue una distribución exponencial, sabiendo que la probabilidad de que funcione más de 1000 horas es de 80%. Se pide:

1. Calcular la probabilidad de que funcione más de 1500 horas.

2. Determinar cuántas horas puede mantenerse en funcionamiento con una probabilidad de 90%.

Ejercicio P. 5.2

El contenido de un café solo que se vende en la cafetería de la facultad se distribuye normalmente, con una media de 200 ml y una desviación típica de 30 ml. Se pide:

1. Calcular la probabilidad de que el contenido de un café esté entre 180 ml y 220 ml.

2. Determinar el contenido mínimo de un café para que esté en el 10% superior de los cafés servidos.

Ejercicio P. 5.3

Sabemos que la esperanza de una variable aleatoria continua X es 10 y su varianza es 12. Si todos los intervalos de igual longitud son equiprobables. Se pide:

1. Calcular el valor mínimo y el valor máximo que puede tomar la variable.
2. Calcular la probabilidad de que X sea mayor que 10.

Ejercicio P. 5.4

El tiempo (en horas) que tardan en poner un café es una variable aleatoria cuya función de densidad es: $f(x) = \begin{cases} 22e^{-22x} & \forall x > 0 \\ 0 & en\ otro\ caso \end{cases}$. Se pide:

1. Calcular la probabilidad de que en una hora pongan 20 cafés.
2. Calcular la probabilidad de tener que esperar entre 5 y 10 minutos.
3. Calcular el coeficiente de simetría de la variable aleatoria *tiempo* y explicar el resultado.
4. Calcular la probabilidad de que tarden más de 5 minutos en servir dos cafés.

Ejercicio P. 5.5

El número de horas que un estudiante necesita para aprender un tema de programación es una variable aleatoria con distribución $N(\mu, \sigma)$. Si el 84.13% de los alumnos emplea más de tres horas y sólo el 2.28% más de nueve, ¿cuánto valen μ y σ?

Ejercicio P. 5.6

Supongamos que un banco recibe, en promedio, 6 cheques sin fondo por día. Se pide:

1. Calcular la probabilidad de que el banco reciba 4 cheques sin fondo durante una semana (7 días).
2. Calcular la probabilidad de que el banco reciba menos de 32 cheques sin fondo en un mes (30 días), aproximando mediante la distribución normal.

Ejercicio P. 5.7

Se sabe que una variable aleatoria X sigue una distribución uniforme en el intervalo $[0,3]$, mientras que otra variable aleatoria Y sigue una distribución exponencial con parámetro λ. Se pide: Determinar el valor de λ para que $P(X < 1) = P(Y < 1)$.

Ejercicio P. 5.8

El tiempo durante el cual una cierta marca de batería funciona de manera efectiva hasta que falla (tiempo de fallo) sigue una distribución exponencial con un tiempo promedio de fallas igual a 320 días. Se pide: Calcular la probabilidad de que el tiempo de fallo sea mayor a 500 días.

Ejercicio P. 5.9

En una ciudad, el consumo de energía, medido en millones de kilovatios-hora, es una variable aleatoria que sigue una distribución gamma. Se sabe que la media es 5 millones de kilovatios-hora y la varianza es 10 millones de kilovatios-hora al cuadrado. Se pide encontrar los valores de los parámetros α y λ de la distribución gamma.

Ejercicio P. 5.10

En el presupuesto familiar, la porción que se dedica a salud sigue una distribución beta (2,2). Se pide:

1. Calcular la probabilidad de que se gaste más del 25% del presupuesto familiar en salud.
2. ¿Cuál será el porcentaje medio que las familias dedican a la compra de productos y servicios de salud?

5.8. Evaluación

Todos los estudiantes del Grado en Estadística Aplicada y del Grado en Ciencia de los Datos Aplicada de la UCM, matriculados en la asignatura de Azar y Probabilidad, tienen acceso al Campus Virtual para responder una serie de preguntas seleccionadas aleatoriamente del banco de preguntas, con el fin de obtener la calificación de la evaluación continua.

Este manual está disponible en el repositorio de la UCM, por lo que se ha dispuesto una autoevaluación para cualquier persona interesada en la asignatura, utilizando el mismo banco de preguntas del Campus Virtual, accesible en Google Forms a través del siguiente enlace: https://forms.gle/YKpy8eJSNQZ7WFEr6.

Bibliografía

Dekking, F. M., Kraaikamp, C., Lopuhaä, H. P., & Meester, L. E. (2005). *A Modern Introduction to Probability and Statistics*. Springer.

Johnson, J. L. (2003). *Probability and Statistics for Computer Science*. John Wiley & Sons.

Juárez, I. U., Moreno, J. S. M., & Perucha, V. T. (2003). *Lecciones de cálculo de probabilidades: Curso teórico-práctico*. Thomson.

Juárez, I. U., Moreno, J. S. M., & Perucha, V. T. (2009). *Cálculo de probabilidades*. Ibergaceta.

Llinas, H., & Llinas, H. (2015). *Estadística descriptiva y distribuciones de probabilidad*. Universidad del Norte.

Mukhopadhyay, P. (2012). *An Introduction to the Theory of Probability*. World Scientific.

Shu, Z., & Medina Sánchez, M. Á. (2024). *Development of Practical Skills in Probability: A Teaching Innovation Project to Make Applied Economics More Fun with Games of Chance*. In M. del C. Valls Martínez & J. Montero (Eds.), Teaching Innovations in Economics: Towards a Sustainable World (pp. 479–490). Springer. https://doi.org/10.1007/978-3-031-72549-4_23

Susi García, R., & Espínola Vílchez, R. (2012). *Azar y Probabilidad*. Cersa.

https://dx.doi.org/10.5209/docm.004.05

MÓDULO 3
Variables aleatorias bidimensionales

En este módulo se analizan dos variables aleatorias unidimensionales de forma conjunta, dando lugar al estudio de variables aleatorias bidimensionales. Esta extensión resulta fundamental para el análisis de fenómenos donde intervienen dos variables aleatorias unidimensionales que pueden estar relacionadas, permitiendo estudiar conjuntamente sus comportamientos y dependencias.

En este caso se trabaja con un espacio muestral bidimensional asociado al experimento aleatorio. Se amplían conceptos clave como la función de probabilidad (para variables aleatorias discretas) o la función de densidad (para variables aleatorias continuas), y se introducen nuevos conceptos, como son las distribuciones marginales y condicionadas. Además, se aborda la transformación de variables aleatorias bidimensionales.

Tema 6. Variable aleatoria bidimensional discreta

Antes de definir una variable aleatoria bidimensional discreta, es necesario definir de forma genérica lo que es una variable aleatoria bidimensional.

Definición de variable aleatoria bidimensional

Sea un espacio de probabilidad $(\Omega, \mathcal{P}(\Omega), P)$ donde Ω es el conjunto de resultados posibles de un experimento aleatorio, también denominado espacio muestral, $\mathcal{P}(\Omega)$ es el conjunto formado por todos los posibles subconjuntos del espacio muestral Ω y $P: \mathcal{P}(\Omega) \to [0,1]$ es la función de probabilidad. Sean X e Y dos variables aleatorias unidimensionales definidas sobre los espacios muestrales Ω_1 y Ω_2, es decir:

$$X: \Omega_1 \to \mathbb{R} \qquad e \qquad Y: \Omega_2 \to \mathbb{R}$$

El objetivo del estudio de las variables bidimensionales es definir una función que asigne a cada posible resultado A del experimento un par de valores de $\mathbb{R}^2$, tal que:

$$(X, Y): (\Omega, \mathcal{P}(\Omega), P) \to \mathbb{R}^2$$
$$A \to (X(A), Y(A))$$

Por consiguiente, se define una variable aleatoria bidimensional como:

Sea $(\Omega, \mathcal{P}(\Omega), P)$ un espacio de probabilidad. Se define la función $(X, Y): \Omega \to \mathbb{R}^2$ como una variable aleatoria bidimensional si $\forall (x, y) \in \mathbb{R}^2$ se verifica que:

$$B_{XY} = \{w \in \Omega: X(w_1) \leq x, \ Y(w_2) \leq y\} = X^{-1}((-\infty, x]), Y^{-1}((-\infty, y]) \in \mathcal{P}(\Omega)$$

Se considere el experimento que consiste en lanzar dos dados. Sea X la variable aleatoria que representa el resultado obtenido al lanzar el primer dado, e Y la variable aleatoria definida como el módulo de la diferencia de los resultados obtenidos con los dos dados.

https://dx.doi.org/10.5209/docm.004.06
Jugando con el azar: fundamentos para la estadística aplicada y la ciencia de datos. María Ángeles Medina Sánchez, Ziwei Shu, Rosario Susi García y Rosa Espínola Vílchez. © Ediciones Complutense, 2025.

Se puede demostrar que (X, Y) es variable aleatoria bidimensional de la siguiente manera:

El espacio muestral de X viene dado por $\Omega_1 = \{1, \dots, 6\}$, el espacio muestral de Y es $\Omega_2 = \{0, \dots, 5\}$, y el de la variable bidimensional (X, Y) viene dado por $\Omega = \{(x, y)$ indicado en la Tabla 3.1$\}$ donde $Card(\mathcal{P}(\Omega)) = 2^{\Omega}$.

Tabla 3.1. Experimento de lanzamiento de dos dados

X\Y	0	1	2	3	4	5
1	⊗	⊗	⊗	⊗	⊗	⊗
2	⊗	⊗	⊗	⊗	⊗	
3	⊗	⊗	⊗	⊗		
4	⊗	⊗	⊗	⊗		
5	⊗	⊗	⊗	⊗	⊗	
6	⊗	⊗	⊗	⊗	⊗	⊗

Para demostrar que (X, Y) es variable aleatoria bidimensional, hay que comprobar que:

$\forall x, y \in \mathbb{R}$ se verifica que:

$B_{XY} = \{w \in \Omega: X(w_1) \leq x, \ Y(w_2) \leq y\} = X^{-1}((-\infty, x]), Y^{-1}((-\infty, y]) \in \mathcal{P}(\Omega)$

Entonces,

$B_{XY} = \{w \in \Omega: X(w_1) \leq 1, Y(w_2) \leq 0\} = (1,0) \in \mathcal{P}(\Omega)$

$B_{XY} = \{w \in \Omega: X(w_1) \leq 1, Y(w_2) \leq 1\} = \{(1,0), (1,1)\} \in \mathcal{P}(\Omega)$

$B_{XY} = \{w \in \Omega: X(w_1) \leq 1, Y(w_2) \leq 2\} = \{(1,0), (1,1), (1,2)\} \in \mathcal{P}(\Omega)$

$\dots$

$B_{XY} = \{w \in \Omega: X(w_1) \leq 6, Y(w_2) \leq 4\} = \Omega - \{(6,5)\} \in \mathcal{P}(\Omega)$

$B_{XY} = \{w \in \Omega: X(w_1) \leq 6, Y(w_2) \leq 5\} = \Omega \in \mathcal{P}(\Omega)$

Queda demostrado que (X, Y) es una variable aleatoria bidimensional.

En este contexto, una variable aleatoria bidimensional (X, Y) es discreta cuando toma una cantidad finita o infinita numerable de posibles valores.

6.1. Concepto y función de masa

Se define la *función de masa* o *función de probabilidad* de una variable aleatoria bidimensional discreta como la función que proporciona la probabilidad de cada uno de los diferentes valores que puede tomar la variable aleatoria bidimensional. Así, la función de masa (o la función de probabilidad conjunta) viene dada por:

$$P(X = x_i, Y = y_j) = p_{ij} \quad \forall\, i = 1, \dots, I \quad \forall j = 1, \dots, J$$

donde I son todos los posibles valores de la variable X, y J todos los posibles valores de la variable Y. Por lo tanto, $I \times J$ es el conjunto de valores alcanzados por la variable aleatoria bidimensional (X, Y).

La función de masa verifica las siguientes propiedades:

* $p_{ij} \geq 0 \ \ \forall i, j \in I \times J$

* $\sum_{i=1}^{I} \sum_{j=1}^{J} p_{ij} = 1$

La función de masa se puede expresar como una tabla de doble entrada. La Tabla 3.2. representa los pares de valores (x, y) que toma la variable (X, Y), junto con sus respectivas probabilidades.

Tabla 3.2. Función de probabilidades conjuntas de una variable aleatoria bidimensional discreta

X\Y	y_1	y_2	...	y_j
x_1	p_{11}	p_{12}	...	p_{1j}
x_2	p_{21}	p_{22}	...	p_{2j}
⋮	⋮	⋮	...	⋮
x_i	p_{i1}	p_{i2}	...	p_{ij}

Ejemplo 6.1

Sea la variable aleatoria bidimensional discreta (X, Y) cuya función de masa viene dada en la siguiente tabla:

X\Y	-1	1
1	$\dfrac{1}{12}$	$\dfrac{1}{3}$
2	$\dfrac{1}{6}$	$\dfrac{1}{4}$
3	$\dfrac{1}{12}$	$\dfrac{1}{12}$

Se pide: Calcular las probabilidades: $P(X = 2, Y = 1)$, $\quad P(Y < 0)$, *y* $P(X \leq 2, Y > 0)$.

$P(X = 2, Y = 1) = \frac{1}{4}$

$P(Y < 0) = P(X = 1, Y = -1) + P(X = 2, Y = -1) + P(X = 3, Y = -1)$
$= \frac{1}{12} + \frac{1}{6} + \frac{1}{12} = \frac{1}{3}$

$P(X \leq 2, Y > 0) = P(X = 1, Y = 1) + P(X = 2, Y = 1) = \frac{1}{3} + \frac{1}{4} = \frac{7}{12}$

6.2. Distribuciones marginales discretas

Si (X, Y) es una variable aleatoria bidimensional discreta, entonces tanto la variable X, como la variable Y, serán variables aleatorias unidimensionales discretas a las que denominamos variables aleatorias marginales.

Sea $P(X = x_i, Y = y_j) = p_{ij}$ $\forall\, i = 1, ..., I$ $\forall\, j = 1, ..., J$ la función de probabilidad conjunta o función de masa de la variable aleatoria (X, Y). A partir de esta función de probabilidad conjunta se puede obtener la *función de probabilidad marginal* de cada una de las variables aleatorias que componen la variable aleatoria (X, Y) se expresa como:

- Función de probabilidad marginal de la variable aleatoria X:

$$p_{i\cdot} = P(X = x_i) = \sum_{j=1}^{J} p_{ij} \quad \forall\, i = 1, ..., I$$

- Función de probabilidad marginal de la variable aleatoria Y:

$$p_{\cdot j} = P(Y = y_j) = \sum_{i=1}^{I} p_{ij} \quad \forall\, j = 1, ..., J$$

La Tabla 3.3. demuestra cómo se calculan las probabilidades marginales de cada variable aleatoria discreta.

Tabla 3.3. Función de probabilidad marginal
(variable aleatoria discreta)

$X\backslash Y$	y_1	y_2	$\cdots$	y_j	
x_1	p_{11}	p_{12}	$\cdots$	p_{1j}	$p_{1\cdot}$
x_2	p_{21}	p_{22}	$\cdots$	p_{2j}	$p_{2\cdot}$
$\vdots$	$\vdots$	$\vdots$	$\cdots$	$\vdots$	$\vdots$
x_i	p_{i1}	p_{i2}	$\cdots$	p_{ij}	$\mathbf{p_{i\cdot}}$
	$p_{\cdot 1}$	$p_{\cdot 2}$	$\cdots$	$\mathbf{p_{\cdot j}}$	1

Las Tablas 3.4. y 3.5. muestran las distribuciones marginales de las variables X e Y respectivamente.

Tabla 3.4. Distribución marginal
de la variable aleatoria discreta X

	y_1
x_1	$p_{1\cdot}$
x_2	$p_{2\cdot}$
$\vdots$	$\vdots$
x_i	$\mathbf{p_{i\cdot}}$
	1

Tabla 3.5. Distribución marginal
de la variable aleatoria discreta Y

	y_1
y_1	$p_{\cdot 1}$
y_2	$p_{\cdot 2}$
$\vdots$	$\vdots$
y_j	$\mathbf{p_{\cdot j}}$
	1

Una vez se obtienen las funciones de probabilidad marginales de las variables aleatorias X e Y, se podrán calcular sus momentos de la siguiente manera:

- **Momentos respecto al origen:**

$$\alpha_{rs} = \sum_i \sum_j x_i^r \cdot y_j^s \cdot p_{ij}$$

1) La esperanza matemática de la variable aleatoria X se calcula cuando
$r = 1$ y $s = 0$, $E[X] = \alpha_{10} = \sum_i \sum_j x_i^1 \cdot y_j^0 \cdot p_{ij} = \sum_{i=1}^I x_i \cdot p_i$.

2) La esperanza matemática de la variable aleatoria Y se calcula cuando
$r = 0$ y $s = 1$, $E[Y] = \alpha_{01} = \sum_i \sum_j x_i^0 \cdot y_j^1 \cdot p_{ij} = \sum_{i=1}^I y_j \cdot p_{\cdot j}$

3) Cuando $r = 1$ y $s = 1$, $E[XY] = \alpha_{11} = \sum_i \sum_j x_i^1 \cdot y_j^1 \cdot p_{ij} = \sum_i \sum_j x_i \cdot y_j \cdot p_{ij}$

- **Momentos respecto a la media:**

$$\mu_{rs} = \sum_i \sum_j (x_i - \mu_X)^r \cdot (y_j - \mu_Y)^s$$

1) La varianza de la variable aleatoria X se calcula cuando $r = 2$ y
$s = 0$, $V(X) = \mu_{20} = \sum_i \sum_j (x_i - \mu_X)^2 \cdot (y_j - \mu_Y)^0 =$
$= E[X^2] - (E[X])^2 = \alpha_{20} - \alpha_{10}{}^2$

2) La varianza de la variable aleatoria Y se calcula cuando $r = 0$ y
$s = 2$, $V(Y) = \mu_{02} = \sum_i \sum_j (x_i - \mu_X)^0 \cdot (y_j - \mu_Y)^2 =$
$= E[Y^2] - (E[Y])^2 = \alpha_{02} - \alpha_{01}{}^2$

3) Cuando $r = 1$ y $s = 1$, se calcula la covarianza $\mu_{11} = S(X, Y) = \alpha_{11} - \alpha_{10} \cdot \alpha_{01}$. La covarianza mide el grado de *dependencia lineal* entre las variables aleatorias X e Y. Si $S(X, Y) > 0$, indica que existe una relación directa entre X e Y. Si $S(X, Y) < 0$, indica que existe una relación inversa entre X e Y. Si $S(X, Y) = 0$, indica que no hay relación lineal entre X e Y.

Ejemplo 6.2

Considere la variable aleatoria bidimensional discreta (X, Y) del Ejemplo 6.1 y calcule las funciones de probabilidad marginales de X e Y, así como sus esperanzas matemáticas, varianzas y covarianza.

Para la variable X:

x_i	$p_{i\cdot}$	$x_i \cdot p_{i\cdot}$	$x_i^2 \cdot p_{i\cdot}$
1	$\frac{1}{12} + \frac{1}{3} = \frac{5}{12}$	$\frac{5}{12}$	$\frac{5}{12}$
2	$\frac{1}{6} + \frac{1}{4} = \frac{5}{12}$	$\frac{5}{6}$	$\frac{5}{3}$
3	$\frac{1}{12} + \frac{1}{12} = \frac{1}{6}$	$\frac{1}{2}$	$\frac{3}{2}$
	1	$\frac{7}{4}$	$\frac{43}{12}$

$$E[X] = \frac{7}{4} \, , \quad V(X) = \frac{43}{12} - \left(\frac{7}{4}\right)^2 = \frac{25}{48}$$

Para la variable Y:

y_j	$p_{\cdot j}$	$y_j \cdot p_{\cdot j}$	$y_j^2 \cdot p_{\cdot j}$
-1	$\frac{1}{12} + \frac{1}{6} + \frac{1}{12} = \frac{1}{3}$	$-\frac{1}{3}$	$\frac{1}{3}$
1	$\frac{1}{3} + \frac{1}{4} + \frac{1}{12} = \frac{2}{3}$	$\frac{2}{3}$	$\frac{2}{3}$
	1	$\frac{1}{3}$	1

$$E[Y] = \frac{1}{3} \, , \quad V(Y) = 1 - \left(\frac{1}{3}\right)^2 = \frac{8}{9}$$

La covarianza se calcula como:

$$S(X, Y) = \alpha_{11} - \alpha_{10} \cdot \alpha_{01} = E[XY] - E[X] \cdot E[Y]$$

$E[XY] = \sum_i \sum_j x_i \cdot y_j \cdot p_{ij} =$

$$= 1 \cdot (-1) \cdot \frac{1}{12} + 2 \cdot (-1) \cdot \frac{1}{6} + 3 \cdot (-1) \cdot \frac{1}{12} + 1 \cdot 1 \cdot \frac{1}{3} + 2 \cdot 1 \cdot \frac{1}{4} + 3 \cdot 1 \cdot \frac{1}{12} = \frac{5}{12}$$

$$S(X,Y) = \frac{5}{12} - \frac{7}{4} \cdot \frac{1}{3} = -\frac{1}{6} \approx -0.1667 < 0 \text{ (relación inversa)}$$

6.3. Distribuciones condicionadas discretas

En la sección 1.5, se define la probabilidad del suceso B condicionada al suceso A de la siguiente forma:

$$P(B \, / \, A) = \frac{P(A \cap B)}{P(A)}, \text{ siempre que } P(A) \neq 0$$

Este concepto puede extenderse al caso de variables aleatorias bidimensionales. Dada una variable aleatoria bidimensional (X,Y), se desea analizar el comportamiento de cada una de las variables aleatorias conocido el valor de la otra variable aleatoria. Es decir, obtener la distribución de la variable aleatoria X cuando se conoce el valor de la variable aleatoria Y, $Y = y$. A esta distribución se le denomina distribución condicionada de X por $Y = y$ y se denota como $X|Y = y$.

Similarmente, se obtiene la distribución de la variable aleatoria Y cuando se conoce el valor de la variable aleatoria X, $X = x$. A esta distribución se le denomina distribución condicionada de Y por $X = x$ y se denota como $Y|X = x$. De este modo, quedan definidas dos nuevas variables aleatorias unidimensionales.

Sea una variable aleatoria bidimensional discreta (X,Y) con función de probabilidad conjunta p_{ij} $\forall i = 1, \dots, I$; $\forall j = 1, \dots, J$ y funciones de probabilidad marginales $p_{i\cdot}$ $\forall i = 1, \dots, I$ y $p_{\cdot j}$ $\forall j = 1, \dots, J$. La función de probabilidad de la variable X sabiendo que la variable Y ha tomado el valor y_j viene dada por la siguiente expresión:

$$P(X = x_i|Y = y_j) = \frac{P(X = x_i, Y = y_j)}{P(Y = y_j)} = \frac{p_{ij}}{p_{\cdot j}} \quad \forall \, i = 1,2,\dots,\in I$$

siendo y_j uno de los posibles valores de la variable aleatoria Y.

Análogamente, se define la función de probabilidad de la variable Y sabiendo que la variable X ha tomado el valor x_i:

$$P(Y = y_j|X = x_i) = \frac{P(Y = y_j, X = x_i)}{P(X = x_i)} = \frac{p_{ij}}{p_{i\cdot}} \quad \forall j = 1,2,\dots,\in J$$

siendo x_i uno de los posibles valores de la variable aleatoria X.

Ejemplo 6.3

Considere la variable aleatoria bidimensional discreta (X, Y) del Ejemplo 6.1 y calcule $P(X = 3 | Y = 1)$, $P(X \leq 2 / Y > 0)$, y $P(Y = -1 / X > 1)$.

$$P(X = 3 | Y = 1) = \frac{P(X=3,Y=1)}{P(Y=1)} = \frac{\frac{1}{12}}{\frac{2}{3}} = \frac{1}{8}$$

$$P(X \leq 2 / Y > 0) = \frac{P(X \leq 2, Y > 0)}{P(Y > 0)} = \frac{P(X \leq 2, Y = 1)}{P(Y = 1)} = \frac{P(X=1,Y=1)+P(X=2,Y=1)}{P(Y=1)} = \frac{\frac{1}{3}+\frac{1}{4}}{\frac{2}{3}} = \frac{7}{8}$$

$$P(Y = -1 / X > 1) - \frac{P(Y=-1,X>1)}{P(X>1)} = \frac{P(X=2,Y=-1)+P(X=3,Y=-1)}{P(X=2)+P(X=3)} = \frac{\frac{1}{6}+\frac{1}{12}}{\frac{5}{12}+\frac{1}{6}} = \frac{\frac{1}{4}}{\frac{7}{12}} = \frac{3}{7}$$

6.4. Independencia de variables aleatorias discretas

Dada una variable aleatoria bidimensional (X, Y) se dice que las variables aleatorias que lo componen, X e Y, son independientes si $\forall A \in \mathcal{P}(\Omega_1), \forall B \in \mathcal{P}(\Omega_2)$ $P(X \in A, Y \in B) = P(X \in A) \cdot P(Y \in B)$, es decir, las variables aleatorias X e Y son independientes cuando lo son los sucesos $\{X \in A\}, \{Y \in B\} \forall (A, B) \in \mathcal{P}(\Omega)$.

Sea (X, Y) una variable aleatoria bidimensional discreta con función de probabilidad conjunta p_{ij} $\forall i = 1, \dots, I$ $\forall j = 1, \dots, J$ y funciones de probabilidad marginales $p_{i \cdot}$ $\forall i = 1, \dots, I$ y $p_{\cdot j}$ $\forall j = 1, \dots, J$, entonces las variables aleatorias X e Y son *independientes* si y solo si:

$$p_{ij} = p_{i \cdot} \cdot p_{\cdot j} \quad \forall i = 1, \dots, I \ \text{y} \ \forall j = 1, \dots, J$$

Ejemplo 6.4

Considere la variable aleatoria bidimensional discreta (X, Y) del Ejemplo 6.1 y verifique si las variables aleatorias X e Y son independientes.

Se puede observar que $p_{11} = \frac{1}{12} \neq p_{1 \cdot} \cdot p_{\cdot 1} = \frac{5}{12} \cdot \frac{1}{3} = \frac{5}{36}$. Por tanto, se puede concluir que X e Y no son independientes.

6.5. Transformación de variables aleatorias discretas

En ocasiones, dada una variable aleatoria bidimensional (X, Y), puede interesar conocer la función de probabilidad de una función de la variable aleatoria bidimensional (X, Y).

Sea (X_1, X_2) una variable aleatoria bidimensional discreta y sea $Z = g(X_1, X_2)$ una transformación de (X_1, X_2) donde Z es una variable aleatoria unidimensional. Entonces, la función de probabilidad de Z vendrá dada por:

$$P(Z = z) = \sum_{x_1, x_2 / g(x_1, x_2) = z} P(X_1 = x_1, X_2 = x_2)$$

Ejemplo 6.5

Considere la variable aleatoria bidimensional discreta (X, Y) del Ejemplo 6.1 y calcule la función de probabilidad de la variable aleatoria $Z = X + Y$.

Los posibles valores que toma Z son: 0, 1, 2, 3, 4

$P(Z = 0) = P(X = 1, Y = -1) = \frac{1}{12}$

$P(Z = 1) = P(X = 2, Y = -1) = \frac{1}{6}$

$P(Z = 2) = P(X = 1, Y = 1) + P(X = 3, Y = -1) = \frac{1}{3} + \frac{1}{12} = \frac{5}{12}$

$P(Z = 3) = P(X = 2, Y = 1) = \frac{1}{4}$

$P(Z = 4) = P(X = 3, Y = 1) = \frac{1}{12}$

Por lo tanto, la función de probabilidad de la variable Z es:

Z	0	1	2	3	4
$P(Z = z)$	$\dfrac{1}{12}$	$\dfrac{1}{6}$	$\dfrac{5}{12}$	$\dfrac{1}{4}$	$\dfrac{1}{12}$

6.6. Ejercicios

Ejercicios resueltos

Ejercicio R. 6.1

Para salir del aparcamiento de la facultad, se puede elegir entre tres salidas disponibles. Dos profesores van a salir del aparcamiento y eligen de forma aleatoria una de las tres salidas. Se define la variable aleatoria X como el número de profesores que eligen la salida 1 e Y como el número de profesores que eligen la salida 2. Se pide:

1. Calcular las probabilidades $P(X = 0, Y = 2)$ y $P(Y \leq 1)$.
2. Calcular las esperanzas matemáticas de X e Y.
3. Verificar si las variables aleatorias X e Y son independientes.

Solución:

1. X puede tomar los valores 0, 1, 2, e Y puede tomar los valores 0, 1, 2. Si ambos profesores eligen la salida 3, entonces $P(X = 0, Y = 0) = \frac{1}{3} \cdot \frac{1}{3} = \frac{1}{9}$. Si un profesor elige la salida 2 y el otro la salida 3, entonces, $P(X = 0, Y = 1) = 2 \cdot \frac{1}{3} \cdot \frac{1}{3} = \frac{2}{9}$. Así, sucesivamente se obtiene la función de probabilidad conjunta para la variable aleatoria bidimensional (X, Y) como se indica en la tabla siguiente:

X\Y	0	1	2
0	$\frac{1}{9}$	$\frac{2}{9}$	$\frac{1}{9}$
1	$\frac{2}{9}$	$\frac{2}{9}$	0
2	$\frac{1}{9}$	0	0

$P(X = 0, Y = 2) = \frac{1}{9}$

$P(Y \leq 1) = 1 - P(Y > 1) = 1 - P(Y = 2) = 1 - (\frac{1}{9} + 0 + 0) = \frac{8}{9}$

2. Para la variable X:

x_i	$p_{i\cdot}$	$x_i \cdot p_{i\cdot}$
0	$\dfrac{1}{9} + \dfrac{2}{9} + \dfrac{1}{9} = \dfrac{4}{9}$	0
1	$\dfrac{2}{9} + \dfrac{2}{9} + 0 = \dfrac{4}{9}$	$\dfrac{4}{9}$
2	$\dfrac{1}{9} + 0 + 0 = \dfrac{1}{9}$	$\dfrac{2}{9}$
	1	$\dfrac{2}{3}$

$$E[X] = \frac{2}{3}$$

Para la variable Y:

y_j	$p_{\cdot j}$	$y_j \cdot p_{\cdot j}$
0	$\dfrac{1}{9} + \dfrac{2}{9} + \dfrac{1}{9} = \dfrac{4}{9}$	0
1	$\dfrac{2}{9} + \dfrac{2}{9} + 0 = \dfrac{4}{9}$	$\dfrac{4}{9}$
2	$\dfrac{1}{9} + 0 + 0 = \dfrac{1}{9}$	$\dfrac{2}{9}$
	1	$\dfrac{2}{3}$

$$E[Y] = \frac{2}{3}$$

3. Se puede observar que $p_{11} = \dfrac{1}{9} \neq p_{1\cdot} \cdot p_{\cdot 1} = \dfrac{4}{9} \cdot \dfrac{4}{9} = \dfrac{16}{81}$. Por tanto, se puede concluir que X e Y no son independientes.

Ejercicio R. 6.2

Sea X el número de asignaturas en las que se ha obtenido matrícula de honor en el primer curso del grado, e Y el número de veces que se ha acudido a la biblioteca de la facultad. La función de probabilidad conjunta para la variable aleatoria bidimensional (X, Y) es la siguiente:

X\Y	0	1	> 1
1	$\dfrac{1}{25}$	$\dfrac{1}{10}$	$\dfrac{8}{25}$
2	$\dfrac{1}{50}$	$\dfrac{1}{25}$	$\dfrac{4}{25}$
> 2	$\dfrac{1}{100}$	$\dfrac{1}{50}$	$\dfrac{29}{100}$

Se pide:

1. Calcular la probabilidad de que un alumno haya obtenido más de 2 matrículas de honor en el primer curso del grado, dado que ha asistido más de una vez a la biblioteca.

2. Determinar la distribución de asistencia a la biblioteca entre los alumnos que han obtenido exactamente una matrícula de honor en una asignatura durante el primer curso del grado.

Solución:

1. La distribución marginal de a variable X es:

x_i	$p_{i\cdot}$
1	$\dfrac{1}{25} + \dfrac{1}{10} + \dfrac{8}{25} = \dfrac{23}{50}$
2	$\dfrac{1}{50} + \dfrac{1}{25} + \dfrac{4}{25} = \dfrac{11}{50}$
> 2	$\dfrac{1}{100} + \dfrac{1}{50} + \dfrac{29}{100} = \dfrac{8}{25}$
	1

La distribución marginal de a variable Y es:

y_j	$p_{\cdot j}$
0	$\dfrac{1}{25} + \dfrac{1}{50} + \dfrac{1}{100} = \dfrac{7}{100}$
1	$\dfrac{1}{10} + \dfrac{1}{25} + \dfrac{1}{50} = \dfrac{4}{25}$
> 1	$\dfrac{8}{25} + \dfrac{4}{25} + \dfrac{29}{100} = \dfrac{77}{100}$
	1

$$P(X > 2|Y > 1) = \frac{P(X>2,Y>1)}{P(Y>1)} = \frac{\frac{29}{100}}{\frac{77}{100}} = \frac{29}{77}$$

Esto significa que, de cada 77 alumnos que han asistido a la biblioteca más de una vez, 29 han obtenido más de 2 matrículas de honor en el primer curso del grado.

2. La distribución que se pide es la siguiente:

$Y\|X = 1$	0	1	> 1
$P(Y = y_j\|X = 1)$	$\dfrac{\frac{1}{25}}{\frac{23}{50}} = \dfrac{2}{23}$	$\dfrac{\frac{1}{10}}{\frac{23}{50}} = \dfrac{5}{23}$	$\dfrac{\frac{8}{25}}{\frac{23}{50}} = \dfrac{16}{23}$

Esto significa que, de cada 23 alumnos que han obtenido exactamente una matrícula de honor en una asignatura durante el primer curso del grado, 2 nunca han asistido a la biblioteca, 5 han asistido una vez y 16 han asistido más de una vez.

Ejercicio R. 6.3

Un experimento consiste en lanzar dos dados. Sea X el resultado del primer dado, e Y la diferencia en valor absoluto de los resultados de ambos dados. La función de probabilidad conjunta de la variable aleatoria bidimensional (X, Y) es la siguiente:

X\Y	0	1	2	3	4	5
1	$\frac{1}{36}$	$\frac{1}{36}$	$\frac{1}{36}$	$\frac{1}{36}$	$\frac{1}{36}$	$\frac{1}{36}$
2	$\frac{1}{36}$	$\frac{2}{36}$	$\frac{1}{36}$	$\frac{1}{36}$	$\frac{1}{36}$	0
3	$\frac{1}{36}$	$\frac{2}{36}$	$\frac{2}{36}$	$\frac{1}{36}$	0	0
4	$\frac{1}{36}$	$\frac{2}{36}$	$\frac{2}{36}$	$\frac{1}{36}$	0	0
5	$\frac{1}{36}$	$\frac{2}{36}$	$\frac{1}{36}$	$\frac{1}{36}$	$\frac{1}{36}$	0
6	$\frac{1}{36}$	$\frac{1}{36}$	$\frac{1}{36}$	$\frac{1}{36}$	$\frac{1}{36}$	$\frac{1}{36}$

Se pide:

1. Comprobar si las variables son independientes.

2. Calcular la función de probabilidad de la variable aleatoria $Z = X^2 - Y^2$.

Solución:

1. Se puede observar que $p_{26} = 0 \neq p_{2 \cdot} \cdot p_{\cdot 6} = \frac{1}{6} \cdot \frac{1}{18} = \frac{1}{108}$. Por tanto, se puede concluir que X e Y no son independientes.

2. Los posibles valores que toma Z son: -24, -15, -12, -8, -5, -3, 0, 1, 3, 4, 5, 7, 8, 9, 11, 12, 15, 16, 20, 21, 24, 25, 27, 32, 35, 36

    Para calcular las probabilidades de Z se trabaja con:

    $$P(Z = -24) = P(X = 1, Y = 5) = \frac{1}{36}$$

    $$P(Z = -15) = P(X = 1, Y = 4) = \frac{1}{36}$$

    $$P(Z = -12) = P(X = 2, Y = 4) = \frac{1}{36}$$

    $$P(Z = -8) = P(X = 1, Y = 3) = \frac{1}{36}$$

    $$P(Z = -5) = P(X = 2, Y = 3) = \frac{1}{36}$$

    $$P(Z = -3) = P(X = 1, Y = 2) = \frac{1}{36}$$

    $$P(Z = 0) = P(X = 1, Y = 1) + P(X = 2, Y = 2) + P(X = 3, Y = 3) +$$
    $$P(X = 4, Y = 4) + P(X = 5, Y = 5) = \frac{1}{36} + \frac{1}{36} + \frac{1}{36} + 0 + 0 = \frac{3}{36}$$

    $$P(Z = 1) = P(X = 1, Y = 0) = \frac{1}{36}$$

    $$P(Z = 3) = P(X = 3, Y = 1) = \frac{2}{36}$$

    $$P(Z = 4) = P(X = 2, Y = 0) = \frac{1}{36}$$

    ...

    Por lo tanto, la función de probabilidad de la variable Z es:

Z	-24	-15	-12	-8	-5	-3	0	1	3	4	5	7	8
$P(Z = z)$	$\frac{1}{36}$	$\frac{1}{36}$	$\frac{1}{36}$	$\frac{1}{36}$	$\frac{1}{36}$	$\frac{1}{36}$	$\frac{3}{36}$	$\frac{1}{36}$	$\frac{2}{36}$	$\frac{1}{36}$	$\frac{2}{36}$	$\frac{1}{36}$	$\frac{2}{36}$
Z	9	11	12	15	16	20	21	24	25	27	32	35	36
$P(Z = z)$	$\frac{2}{36}$	$\frac{1}{36}$	$\frac{2}{36}$	$\frac{2}{36}$	$\frac{2}{36}$	$\frac{1}{36}$	$\frac{1}{36}$	$\frac{2}{36}$	$\frac{1}{36}$	$\frac{1}{36}$	$\frac{1}{36}$	$\frac{1}{36}$	$\frac{1}{36}$

Ejercicios propuestos

Ejercicio P. 6.1

Sea (X, Y) una variable aleatoria bidimensional discreta con función de probabilidad conjunta:

$$P(X = 0, Y = j) = e^{-3} \cdot \frac{2^j}{j!} \quad j = 0,1,2, \dots$$

$$P(X = 1, Y = j) = e^{-2} \cdot (1 - e^{-1}) \cdot \frac{2^j}{j!} \quad j = 0,1,2, \dots$$

Se pide:

1. Calcular las funciones de probabilidad marginales para las variables X e Y.

2. Comprobar si son independientes X e Y.

Ejercicio P. 6.2

Sea la variable aleatoria bidimensional discreta (X, Y) cuya función de masa viene dada en la siguiente tabla:

X\Y	0	1	2
0	$\frac{3}{20}$	$\frac{3}{20}$	$\frac{1}{10}$
1	$\frac{1}{20}$	$\frac{1}{5}$	$\frac{1}{20}$
2	$\frac{1}{10}$	$\frac{1}{20}$	$\frac{3}{20}$

Se pide:

1. Calcular la esperanza matemática y desviación típica de las variables X e Y.

2. Calcular la esperanza matemática y desviación típica de la variable $Z = X - Y$.

Ejercicio P. 6.3

Un experimento consiste en lanzar tres veces una moneda. Sea X el número de caras en las tres tiradas, e Y la diferencia en valor absoluto entre el número de caras y el de escudos en las tres tiradas. Se pide:

1. Calcular las probabilidades $P(X \leq 1, Y > 0)$ y $P(Y < 3)$.

2. Calcular las esperanzas matemáticas y desviaciones típicas de X e Y.

3. Verificar si las variables aleatorias X e Y son independientes.

4. Calcular la covarianza de X e Y, y comentar el resultado.

5. Calcular la probabilidad $P(X|Y = 3)$.

Ejercicio P. 6.4

Sea la variable aleatoria bidimensional discreta (X, Y) cuya función de masa viene dada en la siguiente tabla:

X\Y	2	4	5
0	$\dfrac{1}{9}$	$\dfrac{2}{9}$	$\dfrac{1}{9}$
3	$\dfrac{2}{9}$	$\dfrac{2}{9}$	0
6	$\dfrac{1}{9}$	0	0

Se pide:

1. Calcular $P(Y = 2/X < 4)$.

2. Calcular la esperanza matemática de XY.

3. ¿Son independientes las variables?

Ejercicio P. 6.5

Una urna contiene 3 bolas numeradas del 1 al 3. Se eligen al azar 2 bolas sin reemplazamiento teniendo en cuenta el orden de salida. Se pide:

1. Construir el espacio probabilístico asociado a este experimento.

2. Si definimos sobre él la variable aleatoria bidimensional (X,Y) donde X es el número que muestra la primera bola, e Y es el máximo encontrado a lo largo de las dos extracciones, encontrar:

    a) El espacio de probabilidad inducido por la transformación (X,Y).

    b) La función de distribución asociada a (X,Y).

    c) Las distribuciones marginales de (X,Y).

    d) La distribución de Y dado que $X = 2$.

Ejercicio P. 6.6

Supóngase que se realiza el experimento consistente en lanzar una moneda de manera consecutiva 5 veces, y que sobre este experimento original se define la variable bidimensional (X,Y) donde X = número de caras a lo largo de los 5 lanzamientos, Y = número de caras en los 2 primeros lanzamientos. Se pide:

1. ¿Cuántos elementos hay en el rango de (X,Y)?

2. Si te proponen una apuesta con la que ganas si y solo si $Y < X + 2$ ¿jugarías? Justifica tu respuesta.

3. Obtener las funciones de distribución marginales.

4. Si te dicen que $X = 0$ ¿cambiarías tu respuesta del apartado 2?

Ejercicio P. 6.7

Se lanza un dado dos veces. Sea X la variable aleatoria que representa el resultado del primer lanzamiento e Y la variable aleatoria que representa el máximo de los dos lanzamientos. Se pide:

1. Construir la función de probabilidad conjunta de X e Y.

2. Calcular la probabilidad de que X sea igual a Y.

3. Calcular la probabilidad de que X sea menor que Y.

Ejercicio P. 6.8

Una empresa produce dos tipos de productos, A y B. La probabilidad de que un producto de tipo A sea defectuoso es 0.15 y la probabilidad de que un producto de tipo B sea defectuoso es 0.25. Se seleccionan al azar cinco productos de la producción de la empresa. Sea X la variable aleatoria que representa el número de productos defectuosos de tipo A e Y la variable aleatoria que representa el número de productos defectuosos de tipo B. Se pide:

1. Construir la función de probabilidad conjunta de X e Y.

2. Calcular la función de probabilidad de X sabiendo que $Y=2$.

3. Calcular la probabilidad de que $X + Y$ sea menor que 2.

Ejercicio P. 6.9

Dos impresoras, A y B, imprimen documentos de forma independiente. El número de errores por página que comete la impresora A sigue una distribución de Poisson con media 1, mientras que el número de errores por página que comete la impresora B sigue una distribución de Poisson con media 2. Se imprime una página con cada impresora. Sea X la variable aleatoria que representa el número de errores en la página impresa por la impresora A e *Y* la variable aleatoria que representa el número de errores en la página impresa por la impresora B. Se pide:

1. Construir la función de probabilidad conjunta de *X* e *Y*.
2. Calcular la probabilidad de que *X* + *Y* sea mayor que 2.

Ejercicio P. 6.10

Un jugador lanza un dado hasta obtener un 4. Sea *X* la variable aleatoria que representa el número de lanzamientos necesarios para obtener el primer 4. El jugador lanza otro hasta que la suma sea mayor 7. Sea *Y* la variable aleatoria que representa el número de lanzamientos necesarios para obtener el resultado requerido. Se pide:

1. Construir la función de probabilidad conjunta de *X* e *Y*.
2. Calcular la esperanza matemática de (*X*, *Y*).

6.7. Evaluación

Todos los estudiantes del Grado en Estadística Aplicada y del Grado en Ciencia de los Datos Aplicada de la UCM, matriculados en la asignatura de Azar y Probabilidad, tienen acceso al Campus Virtual para responder una serie de preguntas seleccionadas aleatoriamente del banco de preguntas, con el fin de obtener la calificación de la evaluación continua.

Este manual está disponible en el repositorio de la UCM, por lo que se ha dispuesto una autoevaluación para cualquier persona interesada en la asignatura, utilizando el mismo banco de preguntas del Campus Virtual, accesible en Google Forms a través del siguiente enlace: https://forms.gle/QaNFeXUjieFhpSNM7.

Tema 7. Variable aleatoria bidimensional continua

Recordando que una variable aleatoria bidimensional es una función medible para el espacio de probabilidad $(\Omega, \mathcal{P}(\Omega), P)$. Se define la función $(X, Y): \Omega \to \mathbb{R}^2$ como una variable aleatoria bidimensional si $\forall (x, y) \in \mathbb{R}^2$ se verifica que:

$$B_{XY} = \{w \in \Omega: X(w_1) \le x, \ Y(w_2) \le y\} = X^{-1}((-\infty, x]), Y^{-1}((-\infty, y]) \in \mathcal{P}(\Omega)$$

Una variable aleatoria bidimensional (X, Y) es *continua* cuando toma valores en todo el plano real ($\mathbb{R}^2$) o en un subconjunto (no numerable) del mismo.

7.1. Concepto y función de densidad

Una variable aleatoria bidimensional (X, Y) es absolutamente continua cuando existe una función $f_{X,Y}(x, y)$, tal que la función de distribución continua de la variable aleatoria bidimensional (X, Y) se puede escribir como:

$$F_{X,Y}(x, y) = \int_{-\infty}^{x} \int_{-\infty}^{y} f_{X,Y}(x, y) dx dy$$

a $f_{X,Y}(x, y)$ se le denomina la *función de densidad conjunta* de la variable aleatoria bidimensional (X, Y). Esta función debe satisfacer las siguientes propiedades:

- $f_{X,Y}(x, y) \ge 0 \quad \forall x, y \in \mathbb{R}$

- $\int_{-\infty}^{\infty} \int_{-\infty}^{\infty} f_{X,Y}(x, y) dx dy = 1$

Ejemplo 7.1

Dado la variable aleatoria bidimensional (X, Y) absolutamente continua con función de densidad conjunta $f_{X,Y}(x, y) = \begin{cases} k & si \ 0 < y < x < 1 \\ 0 & en \ otro \ caso \end{cases}$.
Se pide: Calcular el valor de k para que sea función de densidad.

$$\int_0^1 \int_0^x k \, dy dx = \int_0^1 k \left(\int_0^x dy \right) dx = k \int_0^1 [y]_0^x dx = k \int_0^1 x dx = k \left[\frac{x^2}{2} \right]_0^1 = \frac{k}{2} = 1$$
$$\Rightarrow k = 2$$

https://dx.doi.org/10.5209/docm.004.07
Jugando con el azar: fundamentos para la estadística aplicada y la ciencia de datos. María Ángeles Medina Sánchez, Ziwei Shu, Rosario Susi García y Rosa Espínola Vílchez. © Ediciones Complutense, 2025.

7.2. Distribuciones marginales continuas

Si (X, Y) es una variable aleatoria bidimensional absolutamente continua, entonces tanto la variable X como la variable Y, serán variables aleatorias unidimensionales absolutamente continuas. La *función de densidad marginal* de cada una de las variables aleatorias que componen la variable aleatoria (X, Y) se expresa como:

- Función de densidad marginal de la variable aleatoria X:

$$f_X(x) = \int_{-\infty}^{\infty} f_{X,Y}(x,y)\, dy$$

- Función de densidad marginal de la variable aleatoria Y:

$$f_Y(y) = \int_{-\infty}^{\infty} f_{X,Y}(x,y)\, dx$$

Una vez se obtienen las funciones de densidad marginales de las variables aleatorias X e Y, se podrán calcular sus momentos de la siguiente manera:

- Momentos respecto al origen:

$$\alpha_{rs} = \int_{-\infty}^{\infty} \int_{-\infty}^{\infty} x^r y^s f_{X,Y}(x,y)dxdy$$

1) La esperanza matemática de la variable aleatoria X se calcula cuando $r = 1$ y $s = 0$, $E[X] = \alpha_{10} = \int_{-\infty}^{\infty} \int_{-\infty}^{\infty} x^1 y^0 f_{X,Y}(x,y)dxdy = \int_{-\infty}^{\infty} x\, f_X(x)dx$

2) La esperanza matemática de la variable aleatoria Y se calcula cuando $r = 0$ y $s = 1$, $E[Y] = \alpha_{01} = \int_{-\infty}^{\infty} \int_{-\infty}^{\infty} x^0 y^1 f_{X,Y}(x,y)dxdy = \int_{-\infty}^{\infty} y\, f_Y(y)dy$

3) Cuando $r = 1$ y $s = 1$, $E[XY] = \alpha_{11} = \int_{-\infty}^{\infty} \int_{-\infty}^{\infty} x^1 y^1 f_{X,Y}(x,y)dxdy = \int_{-\infty}^{\infty} \int_{-\infty}^{\infty} xy f_{X,Y}(x,y)dxdy$

- Momentos respecto a la media:

$$\mu_{rs} = \int_{-\infty}^{\infty} \int_{-\infty}^{\infty} (x - \mu_X)^r (y - \mu_Y)^s f_{X,Y}(x,y)dxdy$$

1) La varianza de la variable aleatoria X se calcula cuando $r = 2$ y $s = 0$,

$$V(X) = \mu_{20} = \int_{-\infty}^{\infty} \int_{-\infty}^{\infty} (x - \mu_X)^2 (y - \mu_Y)^0 f_{X,Y}(x,y)dxdy$$

$$= \int_{-\infty}^{\infty} \int_{-\infty}^{\infty} (x - \mu_X)^2 f_{X,Y}(x,y)dxdy$$

$$= E[X^2] - (E[X])^2 = \alpha_{20} - \alpha_{10}^2$$

2) La varianza de la variable aleatoria Y se calcula cuando $r = 0$ y $s = 2$,

$$V(Y) = \mu_{02} = \int_{-\infty}^{\infty} \int_{-\infty}^{\infty} (x - \mu_X)^0 (y - \mu_Y)^2 f_{X,Y}(x,y)dxdy =$$

$$= \int_{-\infty}^{\infty} \int_{-\infty}^{\infty} (y - \mu_Y)^2 f_{X,Y}(x,y)dxdy$$

$$= E[Y^2] - (E[Y])^2 = \alpha_{02} - \alpha_{01}^2$$

3) Cuando $r = 1$ y $s = 1$, se calcula la covarianza $\mu_{11} = S(X,Y) = \alpha_{11} - \alpha_{10} \cdot \alpha_{01}$. La covarianza mide el grado de *dependencia lineal* entre las variables aleatorias X e Y. Si $S(X,Y) > 0$, indica que existe una relación directa entre X e Y. Si $S(X,Y) < 0$, indica que existe una relación inversa entre X e Y. Si $S(X,Y) = 0$, indica que no hay relación lineal entre X e Y.

Ejemplo 7.2

Considere la variable aleatoria bidimensional continua(X,Y) del Ejemplo 7.1 y calcule las funciones de densidad marginales, así como la esperanza matemática de cada variable.

Sabiendo que $f_{X,Y}(x,y) = \begin{cases} 2 & si\ 0 < y < x < 1 \\ 0 & en\ otro\ caso \end{cases}$, entonces:

$f_X(x) = \int_{-\infty}^{\infty} f_{X,Y}(x,y)\,dy = \int_0^x 2\,dy = [2y]_0^x = 2x$

$\Rightarrow f_X(x) = \begin{cases} 2x & si\ 0 < x < 1 \\ 0 & en\ otro\ caso \end{cases}$

$E[X] = \int_{-\infty}^{\infty} x\,f_X(x)dx = \int_0^1 x \cdot 2x dx = 2\int_0^1 x^2\,dx = 2\left[\frac{x^3}{3}\right]_0^1 = \frac{2}{3}$

$f_Y(y) = \int_{-\infty}^{\infty} f_{X,Y}(x,y)\,dx = \int_y^1 2\,dx = [2x]_y^1 = 2 - 2y$

$\Rightarrow f_Y(y) = \begin{cases} 2 - 2y & si\ 0 < y < 1 \\ 0 & en\ otro\ caso \end{cases}$

$$E[Y] = \int_{-\infty}^{\infty} y \, f_Y(y) dy = \int_0^1 y \cdot (2 - 2y) dy = 2 \int_0^1 (y - y^2) \, dy =$$
$$2 \left[\frac{y^2}{2} - \frac{y^3}{3} \right]_0^1 = 2 \left(\frac{1}{2} - \frac{1}{3} \right) = \frac{1}{3}$$

7.3. Distribuciones condicionadas continuas

En la sección 1.5 se define la probabilidad del suceso B condicionada al suceso A de la siguiente forma:

$$P(B \, / \, A) = \frac{P(A \cap B)}{P(A)}, \text{ siempre que } P(A) \neq 0$$

Este concepto puede extenderse al caso de variables aleatorias bidimensionales. En el caso de las variables aleatorias bidimensionales discretas, sea una variable aleatoria bidimensional absolutamente continua (X, Y) con función de densidad conjunta $f_{X,Y}(x, y)$ y funciones de densidad marginales $f_X(x)$ y $f_Y(y)$. Entonces, la función de densidad de la variable X sabiendo que la variable Y ha tomado el valor $Y = y_0$ viene dada por la siguiente expresión:

$$f_{X|Y=y_0}(x) = \frac{f_{X,Y}(x, y_0)}{f_Y(y_0)}$$

Similarmente, la función de densidad de la variable Y, sabiendo que la variable X ha tomado el valor $X = x_0$, viene dada por la siguiente expresión:

$$f_{Y|X=x_0}(y) = \frac{f_{X,Y}(x_0, y)}{f_X(x_0)}$$

Ejemplo 7.3

Considere la variable aleatoria bidimensional continua(X, Y) del Ejemplo 7.1 y calcule las funciones de densidad condicionadas.

Sabiendo que $f_{X,Y}(x, y) = \begin{cases} 2 & si \ 0 < y < x < 1 \\ 0 & en \ otro \ caso \end{cases}$, $f_X(x) = \begin{cases} 2x & si \ 0 < x < 1 \\ 0 & en \ otro \ caso \end{cases}$,

y $f_Y(y) = \begin{cases} 2 - 2y & si \ 0 < y < 1 \\ 0 & en \ otro \ caso \end{cases}$ entonces:

$$f_{X|Y=y_0}(x) = \frac{f_{X,Y}(x, y_0)}{f_Y(y_0)} = \frac{2}{2 - 2y_0} = \frac{1}{1 - y_0} \qquad si \ 0 < y_0 < 1, y_0 < x < 1$$

$$f_{Y|X=x_0}(y) = \frac{f_{X,Y}(x_0, y)}{f_X(x_0)} = \frac{2}{2x_0} = \frac{1}{x_0} \qquad si \ 0 < x_0 < 1, 0 < y < x_0$$

7.4. Independencia de variables aleatorias continuas

Sea (X, Y) una variable aleatoria bidimensional continua con función de densidad conjunta $f_{X,Y}(x, y)$ y funciones de densidad marginales $f_X(x)$ y $f_Y(y)$, entonces X e Y son *independientes* si y solo si:

$$f_{X,Y}(x, y) = f_X(x) \cdot f_Y(y) \quad \forall x, y \in \mathbb{R}.$$

Ejemplo 7.4

Considere la variable aleatoria bidimensional continua (X, Y) del Ejemplo 7.1 y verifique si las variables aleatorias X e Y son independientes.

Sabiendo que las funciones de densidad marginales de las variables aleatorias X e Y son:

$$f_X(x) = \begin{cases} 2x & si\ 0 < x < 1 \\ 0 & en\ otro\ caso \end{cases}$$

y,

$$f_Y(y) = \begin{cases} 2 - 2y & si\ 0 < y < 1 \\ 0 & en\ otro\ caso \end{cases}$$

Entonces,

$$f_{X,Y}(x, y) = 2 \neq f_X(x) \cdot f_Y(y) = 2x \cdot (2 - 2y) = 4x - 4xy \quad si\ 0 < y < x < 1$$

Esto implica que las variables aleatorias X e Y no son independientes.

7.5. Transformación de variables aleatorias continuas

En ocasiones, dada una variable aleatoria bidimensional (X, Y), puede interesar conocer la función de densidad o función de probabilidad de una función de la variable aleatoria bidimensional (X, Y). Por ejemplo, si un individuo quiere saber la cuota mensual que tiene que pagar por una hipoteca Z se tiene en cuenta la cantidad por la que solicita dicha hipoteca X y el número de años que va a pagar la hipoteca Y. En este caso, la variable aleatoria de interés Z es función de las variables X e Y, es decir $Z = h(X, Y)$. Por tanto, el objetivo en este caso se centra en la función de densidad o función de probabilidad de la variable aleatoria Z.

A continuación, se presentan algunos resultados que permiten describir una variable en función de (X, Y).

Teorema jacobiano

Sean (X_1, X_2) una variable aleatoria bidimensional con función de densidad conjunta $f_{X_1,X_2}(x_1, x_2)$ que es estrictamente positiva en cierto recinto S. Sea $(Y_1, Y_2) = g(X_1, X_2)$ una transformación *continua y biyectiva* de dicha variable aleatoria bidimensional (X_1, X_2) tal que $g(S) = T$. Por tanto, T es el recinto en el que la función de densidad de (Y_1, Y_2) es estrictamente positiva. Entonces:

$$f_{Y_1,Y_2}(y_1, y_2) = f_{X_1,X_2}(x_1(y_1, y_2), x_2(y_1, y_2)) |J|$$

siendo J el jacobiano de la transformación, es decir,

$$J = \left| \frac{\partial x_i}{\partial y_j} \right|_{\substack{i=1,2 \\ j=1,2}} = \begin{vmatrix} \dfrac{\partial x_1}{\partial y_1} & \dfrac{\partial x_1}{\partial y_2} \\ \dfrac{\partial x_2}{\partial y_1} & \dfrac{\partial x_2}{\partial y_2} \end{vmatrix}$$

Esta función de densidad $f_{Y_1,Y_2}(y_1, y_2)$ alcanza el valor obtenido en la expresión $f_{Y_1,Y_2}(y_1, y_2) = f_{X_1,X_2}(x_1(y_1, y_2), x_2(y_1, y_2)) |J|$ para $(y_1, y_2) \in T$, siendo nula fuera del recinto T.

Se recuerda que $x_1(y_1, y_2), x_2(y_1, y_2)$ es la transformación inversa de g, es decir, se obtiene despejando las X en función de las Y, esto es:

$$f(x_1(y_1, y_2), x_2(y_1, y_2)) = f(g^{-1}(y_1, y_2))$$

El teorema anterior se aplica en el caso de variables bidimensionales *absolutamente continuas*. Además, la transformación debe ser *continua y biyectiva*.

Ejemplo 7.5

Sea (X, Y) una variable aleatoria bidimensional absolutamente continua con función de densidad uniforme en el cuadrante unitario $[0,1] \times [0,1]$. Calcular la función de densidad de la variable (U, V) siendo $U = X + Y$ y $V = X - Y$.

La transformación es biyectiva, porque fijados x e y, u y v quedan definidos unívocamente y recíprocamente fijados u y v, $x = \dfrac{u+v}{2}$ e $y = \dfrac{u-v}{2}$ quedan unívocamente determinados. Además, sabemos que:

$$\begin{pmatrix} u \\ v \end{pmatrix} = \begin{pmatrix} 1 & 1 \\ 1 & -1 \end{pmatrix} \begin{pmatrix} x \\ y \end{pmatrix}$$

Como $\begin{vmatrix} 1 & 1 \\ 1 & -1 \end{vmatrix} \neq 0$, entonces es una matriz invertible.

$$\begin{pmatrix} x \\ y \end{pmatrix} = \begin{pmatrix} 1 & -1 \\ 1 & -1 \end{pmatrix}^{-1} \begin{pmatrix} u \\ v \end{pmatrix}$$

Por lo tanto, se puede concluir que es aplicable el *teorema jacobiano*.

Transformación directa: $u = x + y; \ v = x - y$.

Transformación inversa: $x = \dfrac{u+v}{2}; \ y = \dfrac{u-v}{2}$.

El dominio de la variable (U, V) es el que se muestra en la Figura 3.1:

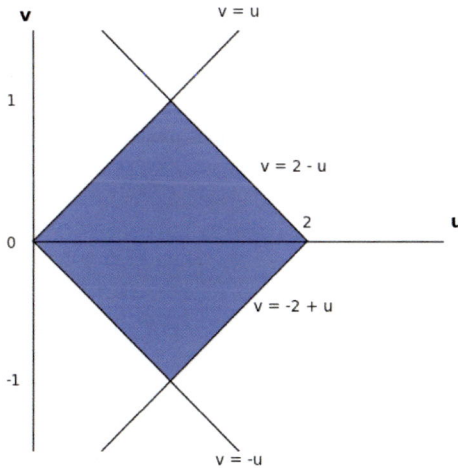

Figura 3.1. Dominio de la variable (U, V).

El dominio para las variables X e Y son:

$$\frac{u + v}{2} \in [0,1] \rightarrow 0 \le u + v \le 2$$

$$\frac{u - v}{2} \in [0,1] \rightarrow 0 \le u - v \le 2$$

$$f_{u,v}(u, v) = 1 \cdot \begin{vmatrix} \dfrac{1}{2} & \dfrac{1}{2} \\ \dfrac{1}{2} & -\dfrac{1}{2} \end{vmatrix} = \left| -\frac{1}{2} \right| = \frac{1}{2}$$

$$\Rightarrow f_{u,v}(u, v) = \begin{cases} \dfrac{1}{2} & \text{en el recinto coloreado de azul} \\ 0 & \text{en el resto} \end{cases}$$

Sea (X, Y) una variable aleatoria bidimensional absolutamente continua con función de densidad $f_{X,Y}(x, y)$ y se quiere calcular la función de densidad de la variable aleatoria $U = X + Y$. En este caso, el teorema del jacobiano *no es directamente aplicable*, dado que la transformación *no tiene la misma dimensión*, es decir, partimos de una variable aleatoria bidimensional y la transformación es unidimensional.

Lo que se hace en este tipo de situaciones es elegir una variable auxiliar lo más sencilla posible, como puede ser $V = X$, a continuación, se aplica el teorema del jacobiano a la variable aleatoria bidimensional (U, V) y para terminar se calcula la función de densidad marginal de U.

Se tiene: $\begin{cases} U = X + Y \\ V = X \end{cases}$. La transformación inversa sería $\begin{cases} X = V \\ Y = U - V \end{cases}$

$$f_{u,v}(u, v) = f_{x,y}(v, u - v) \cdot \left\| \begin{matrix} 0 & 1 \\ 1 & -1 \end{matrix} \right\| = f_{x,y}(v, u - v) \cdot |1|$$

$$f_u(u) = \int_{\mathbb{R}} f_{x,y}(v, u - v) dv$$

Ejemplo 7.6

Sean X e Y dos variables aleatorias independientes, cada una de ellas con distribución exponencial de parámetro uno. Calcular la función de densidad de la variable aleatoria $X + Y$.

Las funciones de densidad de las variables X e Y son:

$$f_X(x) = \begin{cases} e^{-x} & si & x > 0 \\ 0 & & en\ otro\ caso \end{cases}$$

$$f_Y(y) = \begin{cases} e^{-y} & si & y > 0 \\ 0 & & en\ otro\ caso \end{cases}$$

Como X e Y son dos variables aleatorias independientes, entonces, la función de densidad conjunta de la variable aleatoria bidimensional es:

$$f_{X,Y}(x, y) = \begin{cases} e^{-x-y} & si\ x > 0,\ y > 0 \\ 0 & en\ otro\ caso \end{cases}$$

La transformación a aplicar es $\begin{cases} U = X + Y \\ V = X \end{cases}$, siendo $x > 0$ e $y > 0$. Entonces, $u > 0$; $v > 0$ y $u > v$.

Aplicando el *teorema del jacobiano* se tiene que:

$$f_{u,v}(u,v) = f_{x,y}(v,u-v) \cdot \left\| \begin{matrix} 0 & 1 \\ 1 & -1 \end{matrix} \right\| = f_{x,y}(v,u-v) \cdot |1| = e^{-u} \cdot 1 = e^{-u}$$

$$f_{u,v}(u,v) = \begin{cases} e^{-u} & si \quad u > 0; \ v > 0 \ y \ u > v \\ 0 & en\ el\ resto \end{cases}$$

Lo que se quiere obtener es la función de densidad de la variable aleatoria $U = X + Y$, por lo que se calcula la función de densidad marginal de U.

$$f_u(u) = \int_0^u e^{-u}\,dv = [v \cdot e^{-u}]_0^u = u \cdot e^{-u}$$

$$f_u(u) = \begin{cases} u \cdot e^{-u} & si \quad u > 0 \\ 0 & en\ otro\ caso \end{cases}$$

7.6. Ejercicios

Ejercicios resueltos

Ejercicio R. 7.1

Dado la variable aleatoria bidimensional (X, Y) absolutamente continua con función de densidad conjunta $f_{X,Y}(x, y) = \begin{cases} kx^2y & si & x^2 \le y \le 1 \\ 0 & & en\ otro\ caso \end{cases}$. Se pide:

1. Calcular el valor de la constante k.
2. Calcular $P(X \ge Y)$.
3. Calcular las funciones de densidad marginales de las variables aleatorias X e Y.

Solución:

1. Para el cálculo de la constante k se procede del siguiente modo:

    sabemos que $\int_{-\infty}^{\infty} \int_{-\infty}^{\infty} f_{X,Y}(x, y)dxdy = 1$, entonces:

    $$\int_{-1}^{1} \int_{x^2}^{1}(kx^2y)\,dydx = \int_{-1}^{1} \left[\frac{kx^2y^2}{2}\right]_{x^2}^{1} dx = \int_{-1}^{1}\left(\frac{kx^2}{2} - \frac{kx^6}{2}\right)dx = k\left[\frac{x^3}{6} - \frac{x^7}{14}\right]_{-1}^{1}$$

    $$= k\left(\frac{1}{6} - \frac{1}{14} + \frac{1}{6} - \frac{1}{14}\right) = 1$$

    $$\Rightarrow k\frac{4}{21} = 1 \Rightarrow k = \frac{21}{4}$$

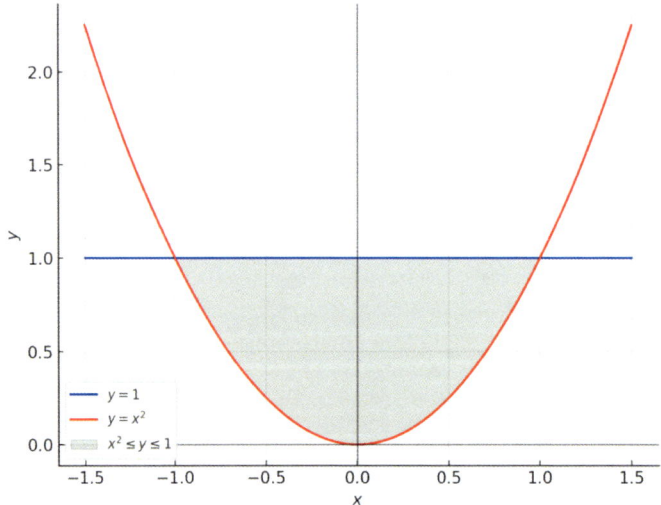

2. $P(X \geq Y) = \int_0^1 \int_{x^2}^{x} \left(\frac{21}{4}x^2 y\right) dy dx = \int_0^1 \left[\frac{21}{4}\frac{x^2 y^2}{2}\right]_{x^2}^{x} dx = \int_0^1 \frac{21}{4}\left[\frac{x^4}{2} - \right.$

$\left.\frac{x^6}{2}\right] dx - \frac{21}{4}\left[\frac{x^5}{10} - \frac{x^7}{14}\right]_0^1 = \frac{21}{140}$

3. $f_X(x) = \int_{-\infty}^{\infty} f_{X,Y}(x,y)\,dy = \int_{x^2}^{1} \frac{21}{4}x^2 y\,dy = \left[\frac{21}{4}x^2 \frac{y^2}{2}\right]_{x^2}^{1} = \frac{21}{4}\frac{x^2}{2}(1-x^4)$

$$f_X(x) = \begin{cases} \dfrac{21}{4}\dfrac{x^2}{2}(1-x^4) & si \quad -1 \leq x \leq 1 \\ 0 & en\ otro\ caso \end{cases}$$

$$f_Y(y) = \int_{-\infty}^{\infty} f_{X,Y}(x,y)dx = \int_{-\sqrt{y}}^{\sqrt{y}} \frac{21}{4}x^2 y\,dx = \left[\frac{21}{4}y\frac{x^3}{3}\right]_{-\sqrt{y}}^{\sqrt{y}} = \frac{7}{2}y^{\frac{5}{2}}$$

$$f_Y(y) = \begin{cases} \dfrac{7}{2}y^{\frac{5}{2}} & si \quad 0 \leq y \leq 1 \\ 0 & en\ otro\ caso \end{cases}$$

Ejercicio R. 7.2

Dado la variable aleatoria bidimensional (X, Y) absolutamente continua con función de densidad conjunta $f_{X,Y}(x,y) = \begin{cases} 1 & si\ |y| < x;\ 0 < x < 1 \\ 0 & en\ otro\ caso \end{cases}$. Se pide:

1. Calcular las funciones de densidad marginales de las variables aleatorias X e Y.

2. Calcular las esperanzas matemáticas de las variables aleatorias X e Y.

3. Calcular las probabilidades $P\left(X < \frac{1}{2}, Y < 0\right)$ y $P\left(X > \frac{1}{2}, -\frac{1}{2} < Y < \frac{1}{2}\right)$.

Solución:

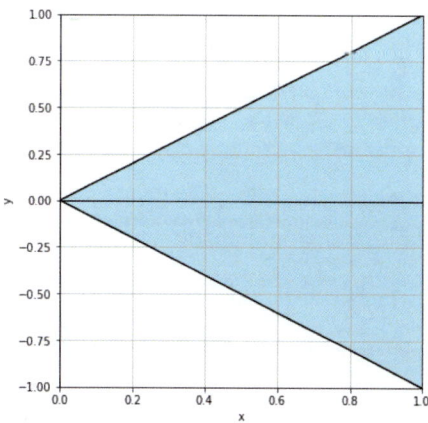

1. Sabiendo que $f_{X,Y}(x,y) = \begin{cases} 1 & si \ |y| < x; \ 0 < x < 1 \\ 0 & en \ otro \ caso \end{cases}$, entonces:

$f_X(x) = \int_{-\infty}^{\infty} f_{X,Y}(x,y) \, dy = \int_{-x}^{x} 1 \, dy = [y]_{-x}^{x} = 2x$

$\Rightarrow f_X(x) = \begin{cases} 2x & si \ 0 < x < 1 \\ 0 & en \ otro \ caso \end{cases}$

$f_Y(y) = \int_{-\infty}^{\infty} f_{X,Y}(x,y) \, dx = \begin{cases} \int_{-y}^{1} 1 \, dx = [x]_{-y}^{1} = 1 + y, & si \ -1 < y < 0 \\ \int_{y}^{1} 1 \, dx = [x]_{y}^{1} = 1 - y, & si \ 0 < y < 1 \end{cases}$

$\Rightarrow f_Y(y) = \begin{cases} 1 + y & -1 < y < 0 \\ 1 - y & 0 < y < 1 \\ 0 & en \ otro \ caso \end{cases}$

2. $E[X] = \int_{-\infty}^{\infty} x \, f_X(x) dx = \int_{0}^{1} x \cdot 2x dx = 2 \int_{0}^{1} x^2 \, dx = 2 \left[\frac{x^3}{3} \right]_{0}^{1} = \frac{2}{3}$

$E[Y] = \int_{-\infty}^{\infty} y \, f_Y(y) dy = \int_{-1}^{0} y \cdot (1 + y) dy + \int_{0}^{1} y \cdot (1 - y) dy =$

$= \int_{-1}^{0} (y + y^2) \, dy + \int_{0}^{1} (y - y^2) \, dy = \left[\frac{y^2}{2} + \frac{y^3}{3} \right]_{-1}^{0} + \left[\frac{y^2}{2} - \frac{y^3}{3} \right]_{0}^{1} =$

$= \left(-\frac{1}{2} + \frac{1}{3} \right) + \left(\frac{1}{2} - \frac{1}{3} \right) = 0$

3. $P\left(X < \frac{1}{2}, Y < 0\right) = \int_{0}^{\frac{1}{2}} \int_{-x}^{0} f_{X,Y}(x,y) dy dx = \int_{0}^{\frac{1}{2}} \left(\int_{-x}^{0} 1 \, dy \right) dx =$

$\int_{0}^{\frac{1}{2}} [y]_{-x}^{0} dx = \int_{0}^{\frac{1}{2}} x dx = \left[\frac{x^2}{2} \right]_{0}^{\frac{1}{2}} = \frac{\left(\frac{1}{2}\right)^2 - 0}{2} = \frac{1}{8}$

$P\left(X > \frac{1}{2}, -\frac{1}{2} < Y < \frac{1}{2}\right) = \int_{\frac{1}{2}}^{1} \int_{-\frac{1}{2}}^{\frac{1}{2}} f_{X,Y}(x,y) dy dx = \int_{\frac{1}{2}}^{1} \left(\int_{-\frac{1}{2}}^{\frac{1}{2}} 1 \, dy \right) dx =$

$\int_{\frac{1}{2}}^{1} [y]_{-\frac{1}{2}}^{\frac{1}{2}} dx = \int_{\frac{1}{2}}^{1} 1 dx = [x]_{\frac{1}{2}}^{1} = 1 - \frac{1}{2} = \frac{1}{2}$

Ejercicio R. 7.3

Sea la variable aleatoria bidimensional absolutamente continua (X, Y) con función de densidad conjunta $f_{X,Y}(x,y) = \begin{cases} \frac{xy+2}{4} & si \ 0 < x < 1, -1 < y < 1 \\ 0 & en \ otro \ caso \end{cases}$.

Se pide:

1. Calcular las funciones de densidad marginales de las variables aleatorias X e Y.

2. Calcular las funciones de densidad condicionadas de las variables aleatorias X e Y.

3. Se considera la transformación $Z = X - Y$ y $W = X + 2Y$, calcular la función de densidad de la variable (Z, W).

Solución:

1. Sabiendo que $f_{X,Y}(x, y) = \begin{cases} \dfrac{xy+2}{4} & si \ 0 < x < 1, -1 < y < 1 \\ 0 & en \ otro \ caso \end{cases}$, entonces:

$f_X(x) = \int_{-\infty}^{\infty} f_{X,Y}(x, y)\, dy = \int_{-1}^{1} \frac{xy+2}{4}\, dy = \int_{-1}^{1} \left(\frac{xy}{4} + \frac{1}{2}\right) dy = \frac{x}{4}\left[\frac{y^2}{2}\right]_{-1}^{1} +$

$\frac{1}{2}[y]_{-1}^{1} = 1$

$\Rightarrow f_X(x) = \begin{cases} 1 & si \ 0 < x < 1 \\ 0 & en \ otro \ caso \end{cases}$

$f_Y(y) = \int_{-\infty}^{\infty} f_{X,Y}(x, y)\, dx = \int_{0}^{1} \frac{xy+2}{4}\, dx = \int_{0}^{1} \left(\frac{xy}{4} + \frac{1}{2}\right) dx = \frac{y}{4}\left[\frac{x^2}{2}\right]_{0}^{1} + \frac{1}{2}[x]_{0}^{1} =$

$\frac{y+4}{8}$

$\Rightarrow f_Y(y) = \begin{cases} \dfrac{y+4}{8} & si \ -1 < y < 1 \\ 0 & en \ otro \ caso \end{cases}$

2. Las funciones de densidad condicionadas de las variables aleatorias X e Y se calculan como:

$f_{X|Y=y_0}(x) = \dfrac{f_{X,Y}(x, y_0)}{f_Y(y_0)} = \dfrac{\frac{xy_0 + 2}{4}}{\frac{y_0 + 4}{8}} = \dfrac{2xy_0 + 4}{y_0 + 4} \qquad \forall \ -1 < y_0 < 1, 0 < x < 1$

$f_{Y|X=x_0}(y) = \dfrac{f_{X,Y}(x_0, y)}{f_X(x_0)} = \dfrac{\frac{x_0 y + 2}{4}}{1} = \dfrac{x_0 y + 2}{4} \qquad \forall \ 0 < x_0 < 1, -1 < y < 1$

3. La transformación $\begin{cases} Z = X - Y \\ W = X + 2Y \end{cases} \mapsto \begin{cases} X = \dfrac{2Z + W}{3} \\ Y = \dfrac{-Z + W}{3} \end{cases}$

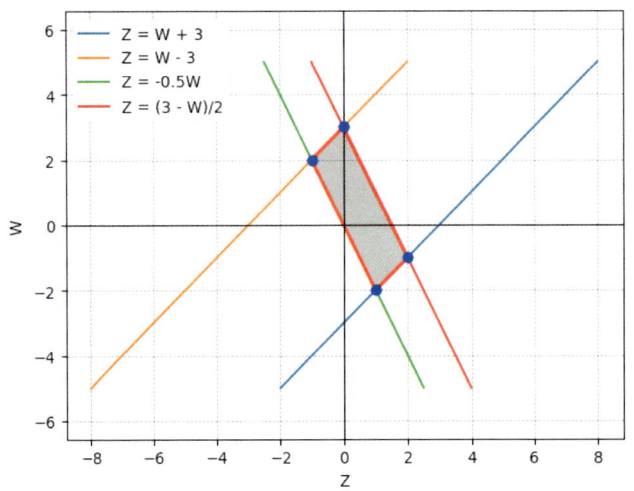

$$J = \frac{\partial(z,w)}{\partial(x,y)} = \begin{vmatrix} \dfrac{\partial z}{\partial x} & \dfrac{\partial z}{\partial y} \\ \dfrac{\partial w}{\partial x} & \dfrac{\partial w}{\partial y} \end{vmatrix} = \begin{vmatrix} 1 & -1 \\ 1 & 2 \end{vmatrix} = 2 - (-1) = 3 \neq 0$$

Entonces, existe la función de densidad $g_{Z,W}(z,w)$.

$$J_1 = \frac{\partial(x,y)}{\partial(z,w)} = \begin{vmatrix} \dfrac{2}{3} & \dfrac{1}{3} \\ -\dfrac{1}{3} & \dfrac{1}{3} \end{vmatrix} = \frac{2}{3}\cdot\frac{1}{3} - \frac{1}{3}\cdot\left(-\frac{1}{3}\right) = \frac{1}{3}$$

Transformación directa: $\begin{cases} Z = X - Y \\ W = X + 2Y \end{cases}$

Transformación inversa: $\begin{cases} X = \dfrac{2Z+W}{3} \\ Y = \dfrac{-Z+W}{3} \end{cases}$

El dominio de las variables es:

$$\begin{cases} 0 < x < 1 & \longmapsto & 0 < 2z + w < 3 \\ -1 < y < 1 & \longmapsto & -3 < -z + w < 3 \end{cases}$$

$$g_{Z,W}(z,w) = f_{X_1,X_2}\left(\frac{2z+w}{3}, \frac{-z+w}{3}\right) |J_1| = \frac{\left(\frac{2z+w}{3}\right)\left(\frac{-z+w}{3}\right)}{4}\left|\frac{1}{3}\right| = \frac{(2z+w)(-z+w)}{108}$$

$$\Rightarrow g_{Z,W}(z,w) = \begin{cases} \dfrac{(2z+w)(-z+w)}{108} & si \quad 0 < 2z + w < 3, -3 < -z + w < 3 \\ 0 & en\ el\ resto \end{cases}$$

Ejercicios propuestos

Ejercicio P. 7.1

Sea la variable aleatoria bidimensional absolutamente continua (X, Y) con función de densidad conjunta $f_{X,Y}(x, y) = \begin{cases} cx^2 & \text{si} \quad 0 \leq y \leq 1 - x^2 \\ 0 & en\ otro\ caso \end{cases}$. Se pide:

1. Calcular el valor de c y las funciones de densidad marginales de las variables X e Y.

2. Verificar si las variables aleatorias X e Y son independientes.

3. Calcular la esperanza matemática de X.

4. Calcular la varianza de Y.

Ejercicio P. 7.2

Las calificaciones en Estadísticas (X) y las calificaciones en Inglés (Y) de un alumno de primer año del grado están representadas por la siguiente función de densidad conjunta:

$$f_{X,Y}(x, y) = \begin{cases} c(4x + 3y) & \text{si} \quad 0 \leq x \leq 10;\ 0 \leq y \leq 10 \\ 0 & en\ otro\ caso \end{cases}$$

Se pide:

1. Calcular la proporción de alumnos que obtienen una calificación superior a 7 en Estadísticas.

2. Calcular la probabilidad de que un alumno obtenga una calificación superior a 7 en Estadísticas, dado que ha obtenido un 3 en Inglés.

3. Calcular la probabilidad de que un alumno obtenga una calificación superior a 7 en Inglés, dado que ha obtenido un 3 en Estadísticas.

Ejercicio P. 7.3

Sea la variable aleatoria bidimensional absolutamente continua (X, Y) con función de densidad conjunta $f_{X,Y}(x, y) = \begin{cases} 2x + 2y & \text{si}\ 0 \leq x \leq y \leq 1 \\ 0 & en\ otro\ caso \end{cases}$. Se pide:

1. Calcular las funciones de densidad marginales de las variables aleatorias X e Y.

2. Calcular las funciones de densidad condicionadas de las variables aleatorias X e Y.

3. Calcular la función de densidad de la variable $Z = X + Y$.

Ejercicio P. 7.4

El volumen de una caja de zapatos es una variable cuya función de densidad es:

$$f_{X,Y}(x,y) = \begin{cases} \dfrac{1}{k}xy & si\ 0 < x < y \leq 2 \\ 0 & en\ otro\ caso \end{cases}$$

Se pide:

1. Calcular el valor de k.

2. Calcular $P(Y > \frac{1}{2})$.

3. Sabiendo que $X=0.5$, calcular la probabilidad de que Y sea menor que 1.

Ejercicio P. 7.5

Sea la variable aleatoria bidimensional absolutamente continua (X, Y) con función de densidad conjunta $f_{X,Y}(x,y) = \begin{cases} ky & si\ (x,y) > (0,0)\ ;\ 2x + y \leq 6 \\ 0 & en\ otro\ caso \end{cases}$. Se pide:

1. Calcular el valor de k.

2. Calcular $P(X > 1)$.

3. Sabiendo que $Y=1$, calcular la probabilidad de que X sea mayor que 0.5.

Ejercicio P. 7.6

Sabiendo que la función de densidad conjunta es: $f_{X,Y}(x,y) = \begin{cases} \dfrac{1}{k}(3x^2 + y) & si\ |y| < x \leq 2 \\ 0 & en\ otro\ caso \end{cases}$. Se pide:

1. Calcular el valor de k.

2. Sabiendo que $X=1$, calcular la probabilidad de que Y sea menor que 0.5.

3. Sea $Z=X+Y$, calcular la función de densidad de Z.

Ejercicio P. 7.7

Se supone que el peso de una hogaza de pan en media es 500gr. Sin embargo, el peso real en cada hogaza es una variable aleatoria X que se distribuye como una U(450, 550) suponiendo que el peso de las hogazas son independientes. Para dos hogazas (X, Y) elegidas aleatoriamente, calcular:

1. Si el peso de una de ellas es 500gr, calcular la esperanza del peso de la otra hogaza.

2. Probabilidad de que ambas hogazas tengan un peso menor de 480gr.

3. Si realizamos el cambio de variable, Z=Peso total de las dos hogazas y U= Diferencia de peso, calcular la $P(Z<900)$ y la $P(U>50)$.

Ejercicio P. 7.8

Sea (X, Y) una variable aleatoria bidimensional. Si la función de densidad de X es
$$f_X(x) = \begin{cases} 4x^3 & si \ \ 0 < x < 1 \\ 0 & en\ el\ resto \end{cases}$$, y la función de densidad de Y dado $X = x$,
$$f_{Y|X=x}(y) = \begin{cases} 2y/x^2 & si \ \ 0 < y < x \\ 0 & en\ el\ resto \end{cases}$$

Se pide:

1. Obtener la función de densidad de (X, Y).

2. Calcular la probabilidad de que Y sea menor que $\frac{1}{4}$.

3. Sabiendo que Y=0.6, calcular la probabilidad de que X sea mayor que 0.2.

4. Para $X = 0.5$, calcular la esperanza de Y.

Ejercicio P. 7.9

Sean X e Y las proporciones semanales de bebidas sin alcohol sobre el total de consumiciones en dos locales habituales en las noches de una cierta ciudad costera. La función de densidad conjunta de estas variables es:

$$f_{X,Y}(x,y) = \begin{cases} kx \cdot (x+y) & si \ 0 < x < 1, \ 0 < y < 1 \\ 0 & en\ otro\ caso \end{cases}$$

Se pide:

1. Determínese el valor de k.

2. Sea $U=X/Y$ y $V=X$. Calcular la función de densidad de (Z, U).

Ejercicio P. 7.10

Considera un cuadrado con vértices $(0,0)$, $(1,0)$, $(1,1)$ y $(0,1)$. Se selecciona un punto aleatorio (X, Y) dentro del cuadrado. Se pide:

1. Determinar la función de densidad de probabilidad conjunta de X e Y.

2. Calcular la probabilidad de que X sea mayor que Y.

3. Calcular la probabilidad de que $X + Y$ sea menor que 1.

7.7. Evaluación

Todos los estudiantes del Grado en Estadística Aplicada y del Grado en Ciencia de los Datos Aplicada de la UCM, matriculados en la asignatura de Azar y Probabilidad, tienen acceso al Campus Virtual para responder una serie de preguntas seleccionadas aleatoriamente del banco de preguntas, con el fin de obtener la calificación de la evaluación continua.

Este manual está disponible en el repositorio de la UCM, por lo que se ha dispuesto una autoevaluación para cualquier persona interesada en la asignatura, utilizando el mismo banco de preguntas del Campus Virtual, accesible en Google Forms a través del siguiente enlace: https://forms.gle/d5yweyTCeeVvkVgS8.

Bibliografía

Hernández, J. J. C. (2006). Conceptos Básicos de Estadística para Ciencias Sociales. Delta Publicaciones.

Montero Lorenzo, J. M. (2007). *Estadística descriptiva*. Alfa Centauro.

Susi García, R., & Espínola Vílchez, R. (2012). *Azar y Probabilidad*. Cersa.

Wackerly, D. D., Wackerly, D. D., III, W. M., & Scheaffer, R. L. (2009). *Estadística Matemática Con Aplicaciones*. Cengage Learning.